Christine Erkens

Naturheilkunde für das Pferd

Ulmer

Inhalt

Einleitung

Blauer Himmel, Sonnenschein, frische grüne Wiesen mit einigen Obstbäumen und mittendrin eine kleine Pferdeherde, alle mit glänzendem Fell, eifrig grasend, der Traum eines jeden Pferdehalters.

Dichter Schneefall, eisiger Wind, langhaarige Zottelpferde futtern zufrieden Heu aus ihren Raufen im Windschatten des Stalles und auf der Weide sind Hufspuren, die von ausgelassenen Tobereien zeugen.

Pferde im Jahresverlauf, ein ständiger Wechsel, kein Tag ist wie der andere, jeder Morgen bringt etwas Neues. Ebenso ist jedes Pferd für sich einzigartig, reagiert auf seine eigene Art und Weise, hat seine Vorlieben, seine Ansprüche und auch seine Empfindlichkeiten.

Doch eines Morgens kommt man auf die Weide oder in den Stall und das Pferd erscheint verändert, ruhiger oder auch aufgeregter, es hat eine sichtbare Verletzung oder bewegt sich nur ein wenig anders als sonst.

Dann ist erst einmal guter Rat teuer, denn was macht man, wenn ein solcher Vorfall einen aus der Routine des Alltages reißt und Entscheidungen und Taten angesagt sind?

Am besten ruhig bleiben und Informationen und Eindrücke über das Pferd sammeln, damit Sie abschätzen können, ob Sie selbstständig und alleine weiter verfahren können oder ob Sie den Tierarzt beziehungsweise Tierheilpraktiker oder einen erfahrenen Pferdehalter hinzurufen sollen.

Dieses Buch soll dem Freizeitreiter und Hobbypferdehalter **Grundwissen** über die Haltung und Pflege von Pferden und einige wichtige Naturheilverfahren vermitteln.

Im **Krankheitsfall** können leichte Fälle vom Pferdehalter alleine versorgt werden oder auch in Zusammenarbeit mit einem Tierarzt oder Tierheilpraktiker begleitend oder abschließend behandelt werden.

Mit zunehmender Erfahrung und Weiterbildung auf dem Gebiet der Pferdekrankheiten und ihrer Behandlung werden Sie immer sicherer in der Einschätzung der Situation und der weiteren notwendigen Schritte. Aus der anfänglichen Unsicherheit wächst eine Kenntnis der vielfältigen Möglichkeiten der **Naturheilverfahren**, die Sie nicht nur den eigenen Pferden, sondern auch Ihren anderen Haustieren oder sich selbst zukommen lassen können.

Das Gebiet der Pferdekrankheiten wie auch der Naturheilverfahren ist sehr groß und kann hier nicht in seinem vollen Umfang abgehandelt werden. Es wird nur eine praxisrelevante Auswahl von Erkrankungen und Heilmethoden beschrieben, die vor allem dem Einsteiger in die Materie einen ersten Überblick und grundlegende Kenntnisse vermitteln.

Weiterführendes **Selbststudium** mithilfe von Fachbüchern und auch der Besuch von Vorträgen oder Lehrgängen ist ein unbedingtes Muss, wenn Sie sich für diese Thematik interessieren und sich ein fundiertes Grundlagenwissen aufbauen möchten. So dient dieses Buch als Vorinformation und zum neugierig Machen auf mehr Hintergrundwissen, auf ein Vertiefen in die verschiedenen Bereiche der Naturheilkunde, zu denen Sie sich besonders hingezogen fühlen oder die Sie besonders interessieren.

Viele Pferdehalter haben schon für sich selbst die Naturheilverfahren entdeckt, waren bei einem Heilpraktiker beziehungsweise einem naturheilkundlich orientierten Arzt oder sind durch die eigenen Kinder mit Themen aus diesem Bereich konfrontiert worden. Warum sollen nicht Heilverfahren, die dem Menschen gut tun, auch bei unseren Pferden und anderen Haustieren helfen? Trotz der Unterschiede zwischen Mensch und Tier gibt es auch sehr viele Gemeinsamkeiten. Vieles kann aus der Behandlung des Menschen für das Tier übertragen werden. Außerdem gibt es viel altes und überliefertes Wissen über die Heilung von Tieren, das in der heutigen Zeit in Vergessenheit geraten ist, vor allem im Bereich der Kräuterheilkunde. Auch dieses Gebiet der Heilpflanzen ist besonders für den Pferdehalter interessant, da er durch diese Tiere ja einen engen Bezug zur Natur und den Pflanzen hat.

Im nachfolgenden Text verwende ich der Einfachheit halber den Begriff „Pferd" für alle Arten und Rassen von Pferden, egal ob groß oder klein, dick oder dünn. Dieser Begriff umfasst also alle Pferde, Kaltblüter, Kleinpferde, Endmaß-Ponys und Ponys, keiner soll sich hierdurch ausgeschlossen oder diskriminiert fühlen!

Wichtig

Im Zweifelsfall bitte **immer** den Tierarzt, den Tierheilpraktiker, Hufschmied, Physiotherapeuten oder sonstige erfahrene Personen um Hilfe und Rat fragen!

Eines liegt mir noch sehr am Herzen: Wenn man sich nicht hundertprozentig sicher ist, die Verletzung oder Erkrankung selbst und alleine behandeln zu können und der Erfolg der eigenen Maßnahmen nicht rasch eintritt, nicht lange warten, sondern den Tierarzt/Therapeuten anrufen!!!

Ein wichtiger Hinweis vorab: Bei der Behandlung von Pferden müssen die **rechtlichen Bestimmungen** beachtet werden. Das Pferd zählt im Allgemeinen zu den Tieren, die der Gewinnung von Lebensmitteln dienen. Ist im Equidenpass aber festgelegt, dass das Pferd nicht der Lebensmittel-Gewinnung dient, ist es von dieser Regelung ausgenommen. Die Verabreichung von Homöopathika, Schüßler Salzen, Bach-Blüten und Heilkräutern soll mit dem Tierarzt und Therapeuten besprochen und abgeklärt werden, um Verstöße gegen die Verordnungen und Bestimmungen zu vermeiden.

Eine **Kombination von Naturheilverfahren** miteinander und mit der Schulmedizin ist in vielen Fällen sinnvoll und fördert die Genesung des Pferdes. So können die Bioresonanz- und Magnetfeldtherapie mit Homöopathie oder Schüßler Salzen kombiniert werden, aber auch eine Bach-Blüten-Therapie mit einer Verabreichung von Schüßler Salzen. Die Kombination verschiedener Verfahren und Mittel ist jedoch genau zu planen und zu überlegen und mit einem erfahrenen Therapeuten abzuklären.

Christine Erkens

Heilung ist eine Sache der Zeit,
aber manchmal auch eine Sache der sich bietenden Möglichkeiten.

Hippokrates

Für Stefan

Allgemeiner Teil

Neben dem notwendigen Grundlagenwissen über die Bedürfnisse und Anforderungen des Pferdes an seine Haltung und Umwelt ist es auch wichtig, einige Daten zu Körpertemperatur und Herzfrequenz im Kopf zu haben. Die Kenntnis über die verschiedenen Naturheilverfahren, die dem Pferdehalter zur Verfügung stehen, egal ob er sie selbst anwendet oder seinen Therapeuten danach befragt, sind ein weiteres und wichtiges Hilfsmittel im Alltag der Pferdehaltung und ermöglichen ein weites und sich sinnvoll ergänzendes Spektrum an Behandlungsmöglichkeiten.

Grundsätze der Pferdehaltung

Das oberste Gebot in der Pferdehaltung ist die Erfüllung der Bedürfnisse des **Tieres**, doch es bestehen gleichzeitig die Anforderung an das Pferd als Freizeitpartner, somit sollen auch die Bedürfnisse des **Pferdehalter**, des Menschen, beachtet werden.

Bedürfnisse

Ein großes Bedürfnis des Pferdes ist die **Bewegung**, denn in der Natur bewegt sich es sich bei der Futtersuche bis zu 16 Stunden täglich und legt dabei bis 30 km zurück. Das Pferd ist ein Lauftier, das nicht alleine durch das Reiten oder Fahren ausreichend bewegt wird, wenn es den restlichen Tag im Stall stehen muss. Freie und ungehinderte Bewegung ist ein unbedingtes Muss!

Aber auch **Sozialkontakte** sind wichtig, weil das Pferd natürlicherweise in Familiengruppen lebt und seine Herde zum Wohlbefinden braucht.

Für seine Gesundheit sind frische und staubfreie **Luft** und **Licht** nötig und **Futter**, das es wegen seinem kleinen Magen möglichst häufig in kleinen Mengen aufnehmen kann. Optimal ist also der Aufenthalt auf der **Weide**, denn hier werden diese Anforderungen gut erfüllt.

Eine besondere Gestaltung und **Regulierung der Weidehaltung** ist hier aber für viele Pferde unbedingt notwendig, da das Futterangebot bei ganztägigem Weideaufenthalt vor allem im Sommerhalbjahr zu groß ist und die Pferde zu viel und zu gutes Futter aufnehmen. Dies liegt einerseits an den oftmals zu üppigen und intensiv bewirtschafteten Weiden und andererseits an den dazu relativ niedrigeren Ansprüchen der Pferde an ihre Futterration. Besonders leichtfuttrige Pferde, Robustpferde, Ponys und Pferde, die nur wenig geritten oder gefahren werden, sind bei uneingeschränktem Weidezugang schnell zu fett und entwickeln dadurch Stoffwechselstörungen und Erkrankungen wie zum Beispiel die bekannte und gefürchtete Hufrehe oder auch Hautprobleme.

Zu seinem **Sicherheitsbedürfnis** benötigt es als Fluchttier relativ viel Raum, denn in der Enge einer Box oder eines kleinen Paddocks ist Flucht unmöglich und es entwickelt sich ungesunder Stress.

Der **Mensch** dagegen stellt in der Pferdehaltung die Anforderung an die Verfügbarkeit seines Tieres, denn er möchte es ohne große Umstände einfangen können, muss es pflegen und für den Einsatz vorbereiten. Die Pferdehaltung bedeutet für ihn also auch Arbeit und Zeiteinplanung für Misten, Füttern, Pflegemaßnahmen der Anlage und des Pferdes und er muss sich dieses Umfeld so gestalten, dass das alles effizient möglich und die Arbeit auch angenehm ist.

Unterbringung

Im Laufe der Geschichte veränderte sich das Pferd durch den züchterischen Einfluss des Menschen, doch seine Ansprüche an Haltung und Fütterung sind im Wesentlichen gleich geblieben. Während das Pferd früher eher ein Arbeitstier war, das über Tag ausgelastet wurde und recht wenig Zeit im Stall in seinem Ständer angebunden war, ist es heute eher Freizeitkamerad des Menschen und hat dadurch selbst viel freie Zeit, die ausgefüllt werden sollte. Ausnahmen davon sind die Tiere im Leistungssport, in der Zucht oder in der Nutzung als Therapiepferd oder Reitschulpferd. Grundsätzlich soll jedes Pferd aber so gehalten und aufgestallt werden, dass es sein **arttypisches Verhalten** am besten entfalten kann.

Der Normalfall der Pferdehaltung ist die **Box** in einem Stallgebäude, deren Größe in Abhängigkeit von der Größe des Pferdes

Errechnung des idealen Platzbedarfes	
Berechnung der Größe der **Einzelbox**	doppelte Widerristhöhe zum Quadrat. Beispiel: Pferd mit Widerristhöhe 170 cm benötigt eine Box von 12 m^2, ein Pony von 125 cm Stockmaß eine Box von gut 6 m^2.
Berechnung der **Liegefläche** bei Offenstallhaltung	Widerristhöhe mal zwei. Beispiel: Pferd mit Widerristhöhe 170 cm benötigt 6 m^2 Liegefläche.
Berechnung der **Auslauffläche** bei Offenstallhaltung	dreifache Liegefläche, bei unserem Beispielpferd also 18 m^2.
Flächenbedarf bei Robusthaltung auf der **Weide**	etwa einen halben Hektar pro Pferd, also brauchen zwei Warmblutpferde einen Hektar Weidefläche, das sind 10000 m^2. Dies ist immer in Abhängigkeit von der Pferderasse und der Beschaffenheit der Weide zu berechnen.

beziehungsweise der Widerristhöhe gewählt werden soll. Meist ist dieser Stall drei mal drei Meter groß, wobei ein großes Pferd jedoch eine größere Box als ein Pony benötigt. Diese Boxen-Haltung erleichtert dem Menschen die „Nutzung“ seines Freizeitkameraden Pferd sehr, da es immer schnell verfügbar und pflegeleicht ist. Dem Pferd wird die ausschließliche Haltung in einer Box mit dem Aufenthalt für wenige Stunden auf der Weide oder einem Paddock nicht gerecht und sollte möglichst verbessert werden.

Für den Sommer stehen **Weiden** und für den Winter **Paddocks** als befestigte Auslaufflächen zur Verfügung, die dem Tier die unbedingt nötige Bewegung über Tag sichern.

Neben der Boxenhaltung findet die Haltung im **Offenstall** eine immer größere Verbreitung. Hier bietet der offene Stall den Tieren Schutz vor der Witterung und eine Außenfläche steht immer zur freien Verfügung. Idealerweise leben hier mehrere Tiere zusammen, was den wichtigen Sozialkontakt untereinander ermöglicht, aber für den Menschen ein Mehr an Arbeit durch die Pflege der Flächen bedeutet.

Der **Laufstall** oder Bewegungsstall ist eine Weiterentwicklung des Offenstalls. Hier wird die Außenfläche noch ausgebaut und auf einen verstärkten Anreiz zur Bewegung hin gestaltet. Eine Variante ist die **Robusthaltung**, wo die Pferde in einer Herde ganzjährig auf einer großen Weide leben, die aber auch einen Unterstand für die Tiere bieten muss. Hier ist die Bindung an den Menschen bedeutend geringer als bei den anderen Haltungsformen, weil das Pferd immer viel Bewegung und Abwechslung und seine Herde hat. Beachtet werden muss bei allen Gemeinschaftshaltungen, dass das Einzeltier individuell gefüttert werden kann, was aber durch korrekt geplante Fressstände oder Computerfütterung möglich ist, und die Gruppe mit Pferden zusammengestellt wird, die einen ähnlichen Fütterungsbedarf haben.

Fütterung

Das Pferd kann sich in den heutigen Haltungssystemen meist nicht mehr natürlich und selbstständig versorgen, da bei der normalen Weidehaltung die Fläche und damit das Futterangebot, besonders in seiner Zusammensetzung und Vielfalt, stark eingeschränkt sind. Also muss der Pferdehalter sich das notwendige Wissen über die Grundlagen der Fütterung erarbeiten.

Ernährungsgewohnheiten des Pferdes

Das **natürliche Verhalten** der Pferde im Bereich der Futteraufnahme und Ernährung ist gekennzeichnet durch langandauernde und stetige, ruhige Bewegung, währenddessen die Tiere die Pflanzen selektieren und mit gründlichem Kauen und Einspeicheln aufnehmen. Nach dem Fressen wird eine größere Menge Wasser aufgenommen und bei Sättigung eine Fresspause eingelegt.

Der **Verdauungsapparat** des Pferdes ist durch seine Funktion und dem relativ kleinen Magen auf eine **ständige Futteraufnahme** eingestellt, nicht auf einige wenige große Mahlzeiten und dazwischen liegende lange Pausen ohne Futterangebot.

Das **Futter** soll ausreichend strukturiert sein und von sehr guter Qualität, also nicht staubig, schimmlig oder muffig, überlagert oder zu fein in seiner Struktur (Beispiel Rasenschnitt oder sehr feines Heu) sein.

Praktische Rationsgestaltung

Die Futterration des Pferdes wird in seiner Zusammensetzung und Gestaltung durch den **Erhaltungsbedarf** und **Leistungsbedarf** des einzelnen Tieres bestimmt. Steht das Pferd nur auf der Weide oder dem Auslauf, liegt sein Anspruch an die Ration tiefer als die eines Artgenossen, der eine Arbeitsleistung unter dem Sattel oder vor der Kutsche erbringt.

Diese Bedarfswerte sind immer unterschiedlich hoch in Abhängigkeit von der Rasse und dem Alter des Pferdes. Sie steigen während der Trächtigkeit der Stute oder im Deckeinsatz des Hengstes an.

Der **Futterzustand** des Pferdes ist immer im Auge zu behalten, wie auch das Verhalten beim Fressen, die Ausscheidungen, der Zustand von Fell und Hufen, da dies Rückschlüsse auf die Versorgungslage des Tieres erlaubt. Nach dem Motto „Das Auge des Herrn macht das Vieh fett" ist im Jahresverlauf immer der Körperzustand des Tieres und die Futtergrundlage abzuschätzen und die Ration entsprechend zu gestalten.

Bei den **Futtermitteln** unterscheiden wir zwischen dem **Grundfutter** und dem **Zusatzfutter**.

Zur Deckung des Erhaltungsbedarfs reicht eine Ration von Grundfutter wie Grünfutter, Weide, Heu oder Grünfuttersilage, ergänzt durch Mineralstoffe und Vitamine.

Zusatz- oder Ergänzungsfutter benötigen die Pferde mit zusätzlicher Leistung, also für die Nutzung als Reitpferd, Fahrpferd, in der Zucht sowie Fohlen und auch alte Pferde. Dies kann Kraftfutter aus einzelnen Bestandteilen oder Mischfutter sein, Spezialfutter wie Mash oder Fermentgetreide, Maissilage, Möhren und Ähnliches, natürlich auch wieder Mineral- und Vitaminfutter.

Neben den **Grundnährstoffen** Kohlenhydrate, Fette und Proteine (Eiweiße) für die Energie und als Baustoffe im Organismus sind die strukturierten **Ballaststoffe** in der Pferderation wichtig. Sie dienen der Beschäftigung und der Speichelproduktion, unterstützen die Darmmotorik und sind für die Mikroorganismen im Verdauungstrakt wichtig. Diese Ballaststoffe oder auch Rohfasern sind im Gras, Heu, Stroh und in der Silage enthalten und sollten in der gesamten Ration etwa zur Hälfte enthalten sein. Der Rohfasergehalt in der Trockensubstanz der Ration sollte bei über 20 % liegen.

Je weniger das Pferd arbeitet, desto rohfaserreicher sollte die Fütterung sein. Bei hoher Leistung soll die Ration entsprechend konzentrierter und ärmer an Rohfaser sein.

Ein Zuviel an ballaststoffreichen und stark verholzten Bestandteilen in der Ration senkt die Verdaulichkeit zu stark und es entsteht die Gefahr einer Verstopfungskolik. Also, besser nicht nur Stroh oder sehr altes und verholztes Heu füttern, sondern in der Ration mit gutem Heu oder Silage mischen. Im Frühjahr besteht dagegen bei sehr jungem Aufwuchs ein Mangel an Rohfaser in der

Weideration und hier sollte zum Ausgleich gröberes Heu und Stroh zusätzlich gefüttert werden.

Fütterung und Weidehaltung

In der Praxis kommt häufig die **Haltungsform** von **Weidegang kombiniert mit Stallhaltung** vor. Der **Weidegang** erfüllt viele Grundbedürfnisse der Pferde wie Bewegung, Sozialkontakt, freie Futterauswahl, stellt aber auch Ansprüche an das Management und die Pflege der Flächen. Hier bietet sich die gemeinschaftliche Haltung mit Rindern oder Schafen an, die möglicherweise vor den Pferden auf die Weiden kommen. Dadurch haben die Pferde beim Nachweiden einerseits eine nicht so üppige Weide zu Verfügung, denn die Tierarten ergänzen sich in ihrem unterschiedlichen Fressverhalten, und andererseits wird auch das Parasitenproblem verringert. Eine Mähnutzung vor der Beweidung kann ebenso den ersten Futterüberschuss abschöpfen und die Zusammensetzung der Vegetation positiv beeinflussen. Das Absammeln der Pferdeäpfel, Nachmähen von unbeliebten Stellen und von den verschmähten Pflanzen sowie eine angepasste Düngung tragen zu einem **optimalen Zustand der Weide** bei. Bei nassem Wetter und im Winterhalbjahr ist in Abhängigkeit der Herdengröße und Pferdeart der Weidegang auszusetzen. Die Tiere bleiben dann auf einer Auslauffläche, entweder einem befestigten Paddock oder einer „Matschkoppel“, um die Weide nicht zu sehr zu zertreten. Überbeweidung wie auch Unterbeweidung verschieben auf Dauer das Gleichgewicht in der Zusammenstellung der Pflanzenarten auf dem Grünland und sind dann nur schwer wieder herzustellen.

Vor dem Weidegang kann Heu, Silage oder Stroh gefüttert werden, aber kein Kraftfutter. Dies würde sonst durch die Mikroorganismen im Gras eine Gärung und Aufblähen hervorrufen. Neue Futtermittel oder die Umstellung auf die Weide- oder Winterfütterung müssen allmählich durchgeführt werden, damit sich die Darmflora des Verdauungsapparates anpassen kann. Vor allem im Frühjahr, bei der Umstellung auf die Weide, sollte erst für einige Tage mit halbstündigen Fresszeiten begonnen werden, die in kleinen Schritten um jeweils eine halbe Stunde ausgedehnt werden. Immer mit dem Blick auf den Futterzustand des Pferdes, seine von ihm geforderten Leistungen, dem Aufwuchs der Weide und seiner Zusammensetzung, Besonderheiten des Einzeltieres wie beispielsweise eine bekannte Anfälligkeit für Hufrehe oder Ekzeme muss im Einzelfall entschieden werden, ob das Pferd ganztägig, Tag und Nacht oder nur für wenige Stunden auf die Weide kann. Im Idealfall kann man einen stundenweisen Aufenthalt seines Pferdes auf einem Paddock in den Tagesablauf einplanen. Hier kann sich das Tier bewegen und Heu und Stroh fressen, aber nicht uneingeschränkt frisches und gehaltvolles Weidegras, wie es besonders im Frühjahr und Frühsommer zur Verfügung steht. Der Weidegang ist immer mit Mineral- und Vitaminfutter sowie mit Lecksteinen zu ergänzen.

Fütterung und Stallhaltung

Hält man sein Pferd in einer Stall- und Auslaufhaltung gestaltet sich die Fütterung anders, da die Grundlage des Weidegangs fehlt. Bei Stroheinstreu in der Box oder im Liegebereich wird Heu oder Gras beigefüttert und die Ration, je nach der geforderten Leistung, mit Kraftfutter ergänzt. Bei strohloser Haltung sollte Futterstroh zusätzlich angeboten werden, damit die Tiere beschäftigt sind. Die Kraftfuttermenge sollte je nach ihrer Gesamtmenge auf drei bis fünf Mahlzeiten verteilt werden und immer nach dem Raufutter, dem Heu oder der Silage, gefüttert werden.

Notwendige Rationsergänzung

Mineralstoffe werden in **Mengenelemente** wie Kalzium, Magnesium, Phosphor, Natrium, Kalium, Chlor und Schwefel und in **Spurenelemente** wie Eisen, Kupfer, Zink, Mangan, Kobalt, Selen und Jod unterteilt. Alle diese Elemente sind wichtig für den Stoffwechsel. Sowohl **Kalzium** und **Phosphor** als auch **Magnesium** sind für die Ausbildung und die Funktion des Skeletts notwendig. Der Bedarf ist besonders hoch bei Fohlen und Stuten während ihrer Laktation. Die Versorgung mit Kalzium kann in Rationen mit Hafer beziehungsweise Kleie oder sehr früh geerntetem Heu ohne Kräuter schlecht sein. Phosphor ist meist ausreichend vorhanden, nur bei zu stark verholztem Gras oder Stroh im Mangel. Das Verhältnis der beiden Mineralstoffe sollte nicht unter 1:1 und über 3:1 liegen, denn ein Zuviel an Phosphor hemmt die Kalziumaufnahme.

Vitamine sind lebensnotwendige organische Stoffe, die mit dem Futter aufgenommen werden, zum Teil vom Organismus selbst gebildet werden oder von den Mikroorganismen im Verdauungstrakt aufgebaut werden. Es gibt die **fettlöslichen Vitamine** wie Vitamin A, D, E und K, die dem Pferd über das Futter zugeführt werden; Ausnahme bildet das Vitamin K, das vor allem mikrobiell aufgebaut wird. Mangelerscheinungen dieser Vitamine treten oft im Zusammenhang mit Verdauungsstörungen oder bei hohen Leistungsanforderungen auf. Sie müssen dann ergänzt werden. Die **wasserlöslichen Vitamine** wie die B-Vitamine, Vitamin C (Ascorbinsäure), H (Biotin) oder M (Folsäure) können vom Pferd selbst mikrobiell hergestellt werden und müssen daher nicht mit dem Futter zugeführt werden.

Versorgung mit Wasser

Wasser muss immer ausreichend zur Verfügung stehen, auch im Winter und bei Weidehaltung. Der Wasserbedarf ist bei jüngeren Tieren und der Verfütterung von trockenem Futter erhöht, ebenso bei laktierenden Stuten oder bei hohem körperlichem Einsatz durch den Verlust an Schweiß, bei hohen Temperaturen und niedriger Luftfeuchte. Ein mittelgroßes Pferd benötigt im Jahresdurchschnitt etwa 30 l Wasser am Tag. Der Bedarf kann bei sportlichen Hochleistungen aber auch auf 60 l ansteigen. Pferde sind sehr empfindlich gegenüber Beimischungen und Verschmutzungen ihres Tränkwassers, nehmen dagegen oft auch Oberflächenwasser aus Pfützen und Senken auf.

Fütterungstechnik

Bei der **Fütterung** ist es wichtig, auf eine möglichst naturnahe Vorlage des Futters in Bodennähe zu achten, damit das Tier genug Platz für seine Vorderbeine hat und im Ausfallschritt stehen kann. Bei der Gruppenhaltung ist zu beachten, dass die Pferde Ruhe und Sicherheit vor anderen beim Fressen haben. Dies ist besonders bei den rangniedrigen Pferden in einer größeren Herde oder auch in einer Zweiergruppe wichtig. Also, immer genug Platz und Abstand zwischen den Tieren beim Füttern einrichten, viel Platz zum Ausweichen oder zeitweises Absperren der einzelnen Tiere oder Gruppen ermöglichen!

Fütterung und gleichzeitig Beschäftigung

Es gibt speziell für Pferde entwickelte **Heunetze** oder „**Heuigel**" zur Fütterung von Heu, die dem Pferd das Heufressen nicht ganz so einfach machen wie eine Vorlage auf dem Boden oder einer Raufe. Nun dauert das Fressen länger und das Tier ist mehr beschäftigt. Ebenso gibt es Leckstein-Halter, die zugleich Spielzeug, Beschäftigungsanreiz und manchmal auch als Scheutraining funktionieren, wenn sie beispielsweise frei hängend angebracht werden.

Umgang

Im Umgang mit dem Pferd, ob es nun bei der täglichen Stallarbeit, beim Putzen, Füttern oder Reiten ist, soll die **Natur des Tieres** beachtet werden. Das Pferd ist ein **Fluchttier**, das sich bei Erschrecken und Angst von der Gefahrenquelle wegbewegen möchte, aber von Halfter oder Zaun daran gehindert wird. Das Pferd ist ebenso ein Herdentier, das nicht unbedingt gerne alleine bleibt. Möglicherweise möchte es lieber in der Herde oder Gruppe verweilen als mit seinem Besitzer alleine von den Artgenossen wegzugehen. Die Kunst im Umgang mit dem Pferd liegt darin diese Eigenarten zu erkennen und daran zu arbeiten, dem Pferd ein hohes Maß an Sicherheit und naturnaher Haltung zu bieten. Damit ist sein Nervenkostüm stark und es kann sich im Laufe seiner **Ausbildung** mit den Gegenständen und vermeintlichen Gefahren des Alltags vertraut machen. Dies bedeutet in erster Linie **Arbeit an sich selbst**, denn nur wenn man selbst ruhig und bestimmt im Auftreten ist, kann sich das Pferd ebenso verhalten. Durch **Beobachtung** des eigenen Pferdes auf der Weide und in Pferdegesellschaft, durch das Lesen von Büchern über das Verhalten und den Umgang mit Pferden sowie durch die Teilnahme an Kursen aus dem heute vielfältigen Angebot ist der pferdegerechte Umgang immer weiter zu schulen. Auf diesem Gebiet lernt man sicher nie aus und gewinnt immer neue Erfahrungen hinzu.

Gesundheitsvorsorge

Neben optimaler Haltung und Fütterung zählt auch die **Körperpflege** des Pferdes zur Gesundheitsvorsorge, denn die heutige Haltung schränkt das arteigene Pflegeverhalten doch ein, sodass menschlicher Ersatz notwendig ist. Das regelmäßige **Putzen** dient nicht nur der Pflege, sondern baut auch beidseitiges Vertrauen auf. Der Pferdehalter kann das Tier auf Verletzungen kontrollieren, hat Fell- und Futterzustand vor Augen und kann kleinere Blessuren direkt behandeln oder den Heilungsfortschritt beobachten. Ebenso wichtig ist die **Hufpflege**, an die sich die Pferde schon vom Fohlenalter an gewöhnen sollten, um späteren Stress zu vermeiden. In Abhängigkeit von der Haltung und Nutzung wird die Entscheidung zwischen unbeschlagenen oder beschlagenen Hufen oder die Wahl für einen zeitweisen Hufschutz getroffen. Im Jahresverlauf werden die Themen des **Insektenschutzes** und der **Wurmkuren** aktuell, ebenso die notwendigen **Impfungen**.

Physiologische Daten

In der Ruhe macht das Pferd 8 bis 16 **Atemzüge** in der Minute, die bei starker Belastung auf 100 Atemzüge ansteigen können.

Die **Temperatur** liegt rektal gemessen beim ausgewachsenen Pferd zwischen 37,5 und 38 °C, beim Fohlen sind auch 38,5 °C noch normal. Physiologisch erhöht sind die Werte bei aufgeregten oder erhitzten Tieren.

Der **Puls** liegt im Zustand der Ruhe bei 28 bis 40 Schlägen in der Minute, er steigt auf bis zu 220 Schlägen in der Minute bei starker Belastung und liegt bei Fohlen im Bereich von 60 bis 80 Schlägen.

Die **Kapillarfüllungszeit** gibt Aufschluss über den allgemeinen Kreislaufzustand des Pferdes. Man drückt dazu kurzfristig mit einem Finger an einer pigmentfreien Stelle an der Oberlippenschleimhaut. Bei gesundem Zustand ist diese Stelle nach zwei Sekunden wieder in seiner ursprünglichen Färbung.

Mit der Überprüfung des **Spannungszustandes der Haut**, dem Hautturgor, stellen Sie die Versorgung des Pferdeorganismus mit Flüssigkeit fest. Bilden Sie mit Daumen und Zeigefinger eine Hautfalte am Pferdehals und lassen diese wieder los, so soll die Falte sofort verstreichen und nicht mehr zu sehen sein. Bei einem Flüssigkeitsmangel oder -verlust bleibt die Falte noch stehen und bildet sich nicht unverzüglich zurück.

Die **Farbe der Schleimhäute** im Maul, in den Augen oder im Genitalbereich machen auch einige Rückschlüsse über den körperlichen Zustand des Pferdes möglich: Beim gesunden Tier erscheinen sie rosarot und feucht glänzend. Blasse Schleimhäute können auf einen Schock oder auf eine Anämie, eine Blutarmut, hinweisen, rote Schleimhäute auf eine Entzündung, gelbe Schleimhäute auf einen Ikterus oder Gelbsucht und eine bläuliche Färbung auf eine Zyanose, eine Minderdurchblutung, durch eine Herz-, Atemwegs- oder Lungenerkrankung oder eine Thrombose.

Auf einen Blick

Atemzüge	8 bis 16 / Minute in Ruhe
Temperatur	37,5 bis 38 °C
Puls	28 bis 40 Schläge / Minute in Ruhe

Beschreibung der Naturheilverfahren

Homöopathie

Die Geschichte der Homöopathie beginnt schon in der Antike und **Dr. Samuel Hahnemann** (1755–1843) wurde ihr Neubegründer nach einer langen Zeit des Vergessens. Das Wort Homöopathie kommt aus der griechischen Sprache, wobei *homoion* für ähnlich steht und *pathos* für Krankheit. Hahnemann entwickelte seine Heilmethode vorrangig für den **Menschen**, deswegen bilden die humanmedizinischen Schriften auch die Grundlage für die Behandlung unserer Tiere und müssen dementsprechend umgesetzt werden.

Es gibt verschiedene Richtungen innerhalb der Homöopathie, die entweder den Einsatz von nur einem Mittel oder mehreren unterschiedlichen Mitteln vertreten. Es gibt die klinische Homöopathie, die ihre Arzneimittel nach den Hauptsymptomen der Krankheit und auf bestimmte Organe hin aussucht und diese Mittel dann für längere Zeit in einer Tiefpotenz gibt. In der klassischen Homöopathie dagegen wird mit nur einem Mittel in Hochpotenz behandelt, das aufgrund der besonderen, einzigartigen und charakteristischen Symptome des kranken Tieres ausgewählt wird.

Die Homöopathie beruht auf dem **Ähnlichkeitsgesetz**, der **Arzneimittelprüfung** und der **Potenzierung** der Arzneimittel. Das ausgewählte Mittel wird als **Simile** bezeichnet, als Ähnliches, da es in einer starken Dosierung bei einem Gesunden die gleichen Symptome hervorruft wie der kranke Organismus momentan zeigt.

Zur Veranschaulichung: Hahnemann stieß bei seinen Übersetzungsarbeiten auf eine ihm unklar erscheinende Textstelle bezüglich der Verwendung von Chinarinde. Also testete er die **Chinarinde** an sich selbst, um der Sache auf den Grund zu gehen. Er nahm mehrere Tage hohe Dosen der Chinarinde zu sich und stellte dann Krankheitszeichen des Malariafiebers an sich fest. Chinarinde war ein Heilmittel gegen die Malaria, erzeugt aber beim Gesunden die Krankheitszeichen genau der Krankheit, gegen die sie eingesetzt wurde!

Das häufig genutzte Mittel **Apis mellifica**, die Honigbiene, erzeugt beim Gesunden, der das Mittel in einer Arzneimittelprüfung einige Tage einnimmt, Symptome wie nach einem Bienenstich, also plötzliche Beschwerden, die sich durch Hitze verschlimmern, verbessern durch Kälte, stechende und brennende Schmerzen erzeugen, starkes Anschwellen und keinen Durst aufweisen. Genau dieses Mittel Apis nimmt man dann bei einem Krankheitsfall, der diese Symptome aufzeigt.

Je genauer die Krankheitszeichen, die Symptome der Erkrankung oder Störung eines Individuums dem gesamten Bild des homöopathischen Mittels entsprechen, je größer ihre Deckungsgleichheit damit ist, desto deutlicher und ausgeprägter ist seine heilende Wirkung auf das Individuum, egal ob Tier oder Mensch. Bei passgenauem Übereinstimmen beider Bilder kann die Gesundheit vollkommen wiederhergestellt werden, wenn die Selbstheilungskräfte dies ermöglichen und keine irreparablen Schäden vorliegen. Ist eine Übereinstimmung zwar gegeben, aber möglicherweise nur in Teilbereichen, kann eine Heilung in Gang kommen, aber unvollständig oder nur von kürzerer Dauer bleiben.

Das passende homöopathische Mittel enthält die **Information** und den Reiz, die stimulierend auf das Immunsystem des Patienten wirken und damit eine Selbstheilung auslösen können.

Diese **Arzneimittel** werden aus Pflanzen, Tieren, Mineralen, Metallen oder auch aus

Krankheitsprodukten hergestellt und oft mit ihrem lateinischen Namen bezeichnet.

Nach genau festgelegten **Herstellungsregeln** wird aus den Ausgangsstoffen ein homöopathisches Mittel, bei der es mit einer stufenweise fortschreitenden „Verdünnung" bei gleichzeitiger Verschüttelung beziehungsweise Verreibung zu einer Dezimal-, D-Potenz, Centesimal-, C-Potenz, oder auch in einer 1:50000 Verdünnung, der LM- oder Q-Potenz gebracht wird.

Mit der zunehmenden stofflichen Verdünnung nehmen der **Energiegehalt** und die **Heilkraft** des Ausgangsmittels durch diese Potenzierung zu. Die Information der Ursubstanz wird also übertragen und dann schrittweise verstärkt.

Man unterscheidet hier zwischen **Tief-**, **Mittel-** und **Hochpotenzen**, deren Übergänge fließend sind.

Potenzen

Tiefpotenzen: Urtinktur bis D/C12
Mittlere Potenzen: D/C12 bis D/C30
Hochpotenzen: D/C30 bis D/C200/1000/10000

Diese Mittel können flüssig als Dilution, als Globuli oder als Tabletten gegeben werden. Zu Injektionszwecken gibt es Ampullen oder verwendet zur äußeren Anwendung auch Salben mit homöopathischen Inhaltsstoffen.

Anwendung der Homöopathie

In diesem Buch gebe ich in der Regel bewährte und erprobte **Kombinationsmittel** an, die zur Behandlung von Tieren (auch den lebensmittel-liefernden Tieren) zugelassen sind. Diese Mittel bestehen aus mehreren Einzelmitteln, die alle diesem Krankheitsbild entsprechen. Sie ergänzen sich somit in ihrer Wirkung und decken in ihrem Zusammenwirken eine größere Palette an einzelnen Krankheitszeichen ab. Dadurch sind sie treffsicherer als ein Einzelmittel und erlauben dem Anfänger in der Arbeit mit der Homöopathie erste Erfolge ohne schädliche Nebenwirkungen für sein Pferd. Hiermit wird jedoch nur das **Symptom** behandelt, nicht die zugrunde liegende Ursache. Bei einer akuten Erkrankung ist dies aber schon hilfreich und für das Erste ausreichend. Die Mittel können im **Akutfall** häufig wiederholt werden, alle Viertelstunde oder auch noch schneller bei einer Kolik oder schweren Verletzung während man auf den Arzt wartet. In der folgenden **Heilungsphase** reicht dann die tägliche Gabe oder ein Abstand von einigen Tagen zwischen der Mittelgabe aus.

Wichtig

Wählen Sie bei den hier aufgeführten **Einzelmitteln** eine tiefe bis mittlere Potenz, also beispielsweise eine D4, D6, D12 oder D30.

Häufigkeit der Gaben

Die **tiefen Potenzen** sind besonders im **Akutfall** zu wählen. Die Gaben werden dann häufig wiederholt, das heißt alle Viertelstunde, alle halbe Stunde oder stündlich, denn sie wirken nur kurz und die Krankheit verbraucht sie schnell. Dabei ist auf eine Verbesserung oder Veränderung des Allgemeineindruckes des Pferdes zu achten, die ein Zeichen für die Wirkung des Mittels ist. Tritt dies ein, ist die Eingabehäufigkeit zu ändern oder auf ein anderes Mittel zu wechseln.

Die **mittleren Potenzen** werden bei subakuten Erkrankungen, wie beispielsweise schon einige Tage bestehende Lahmheiten oder Erkältungen, einmal täglich oder alle paar Tage verabreicht.

Hohe Potenzen wirken sehr lange und tief greifend. Sie werden nur, falls überhaupt, in großen zeitlichen Abständen wiederholt, denn diese wirken dabei auf die Gesamtheit des Tieres, nicht nur auf körperlicher, sondern auch auf seelischer Ebene. Hier sollte man den Therapeuten zu Rate ziehen, ehe man leichtfertig selbstbehandelt und eher Schaden anrichtet als Nutzen.

Tipp

Im Akutfall eine Gabe (z.B. 5 bis 10 Globuli) des Mittels in einer tiefen Potenz alle 15 min, bis Besserung eintritt.

Verabreichungsmenge

Die **Verabreichungsmenge** der homöopathischen Mittel ist zweitrangig, denn in der Homöopathie helfen nicht die Menge des Medikamentes, sondern das Mittel selbst mit seiner Information und Kraft.

Pro Gabe werden etwa 5 bis 10 Tropfen der Dilution oder Verdünnung, 5 bis 10 Globuli, 3 bis 4 Tabletten oder 1 bis 2 ml einer Ampulle gegeben. Hier sind die Angaben der Therapeuten und der Fachliteratur sehr unterschiedlich und Sie sollten im Einzelfall die Dosierung in Absprache mit dem Therapeuten bestimmen.

Die **reine Eingabe ins Maul** ist die wirksamste: Die Kügelchen oder Tabletten in etwas Wasser auflösen, mit der Spritze (ohne Kanüle!) aufziehen und ins Maul geben oder, wie auch die Dilution, auf ein Stück Brot träufeln. Globuli und Tabletten sollten möglichst **nicht angefasst** werden, um die homöopathische Information nicht zu verfälschen. Natürlich können Sie die Medikamente auch mit dem Kraftfutter oder mit dem Tränkwasser geben, wenn man mit der direkten Verabreichung Probleme hat und Stress beim Tier auslöst. Homöopathische Mittel sollen im Allgemeinen mit oder in Gefäßen aus Plastik oder Holz verabreicht werden, Metall sollte vermieden werden. Hier muss jeder für sich und sein Pferd die richtige und stressfreie Verabreichungsform ausprobieren.

Wichtig

Bei Unsicherheiten lassen Sie sich bitte von einem Therapeuten beraten.

Häufig ist es ratsam, sich Hilfe und Empfehlung von einem **Therapeuten** zu holen, der die Potenzhöhe, die Häufigkeit der Mittelgabe und die Zusammenstellung der homöopathischen Mittel oder auch die Auswahl des Einzelmittels austesten kann beziehungsweise sie aus seinem reichen Erfahrungsschatz bestimmt. **Chronische Erkrankungen** sind nur mithilfe eines Homöopathen zu heilen, der über die notwendigen Kenntnisse und Fähigkeiten verfügt. Er kann das jeweilig passende **Konstitutionsmittel** des Tieres ausarbeiten, das sowohl den Typ und die Gesamtheit des Pferdes beschreibt als auch eine umfassendere und tiefere Wirkung zeigt als ein allgemeines Mittel.

Mithilfe von Homöopathie-Büchern für den Menschen oder auch speziell für Tiere oder Pferde können Sie sich selbst weiterbilden und die Grundlagen der Homöopathie ergründen, was im Rahmen dieses Buches nicht möglich ist.

Eine **wichtige Anmerkung** zum Schluss: Das Thema der Verwendung der verschiedenen Potenzhöhen, der Menge der zu verabreichenden Mittel, der Häufigkeit der Gaben, ob eine D- oder eine C-Potenz gewählt wird und auch die Auswahl der Mittel ist eine sehr subjektive Angelegenheit. Jeder Therapeut

Wichtig

Die gleichzeitige Verabreichung von homöopathischen Mitteln und Heilkräutern ist nicht immer sinnvoll, da manche Kräuter die Wirkung der Homöopathie aufheben! Hier sollte man sich gründlich informieren oder mit seinem Therapeuten beraten.

und jeder Homöopath hat seine eigene Richtung und seine eigenen Erfahrungen, die oft sehr stark voneinander abweichen! Die in diesem Buch angegebenen Mittel sind Anregungen und Empfehlungen, keine starren Richtlinien und oberstes Gebot! Jeder Erkrankungsfall und jedes Pferd ist individuell zu betrachten und zu behandeln!

Schüßler Salze

Die Therapie mit den Mineralstoffen wurde von **Wilhelm Heinrich Schüßler** (1821–1898) erarbeitet. Sie erschien in Schriftform 1873 in einem Zeitungsartikel mit dem Titel „Eine abgekürzte Homöopathische Therapie" und später in einer Broschüre über diese reduzierte homöopathische Behandlung, wo der Begriff der Homöopathie selbst aber schon gar nicht mehr erwähnt wurde.

Laut Schüßler liegen die Ursache aller Lebensvorgänge und für Veränderungen von Geweben und Organen in der Erregbarkeit der Zelle. Somit sind die Entstehung und die Eigenart jeder Krankheit auf die **Zelltätigkeit** gegründet. Eine gesunde Zellfunktion ist abhängig von dem richtigen Gehalt an anorganischen Salzen. Jede einzelne Zelle und auch die Zellverbände der Organe oder der Gewebe haben ihren eigenen Bedarf an Mineralstoffen. Dieser Bedarf wird aus der Bindegewebsflüssigkeit gedeckt, der die Zellen umgibt. Bekommt die Zelle oder der Zellverband nun nicht genug dieser Stoffe aus der sie umgebenden Flüssigkeit, entsteht für sie ein Mangel. Dieser Mangel kann auch entstehen, wenn die Zelle sehr gefordert wird und einen höheren Verbrauch des Mineralstoffs entwickelt. Dadurch entstehen eine Störung in der Zellfunktion und damit möglicherweise eine Krankheit. Die Behandlung der Erkrankung besteht bei Schüßler durch die Zufuhr genau dieser Mineralstoffe. Doch da unverdünnte Mineralstoffe nicht in die Zelle gelangen können, bearbeitete Schüßler sie in einem homöopathischen Verfahren. Hierbei verwendete er die Kombination von Kationen und Anionen der Mineralstoffe, nicht den einzelnen Mineralstoff, wie sie auch im lebendigen Organismus vorliegen und so erst für diesen zu nutzen sind. Schüßler arbeitete und dachte nicht im strengen Sinn der Homöopathie, auch wenn er seine Mittel homöopathisch herstellte. Der Grundgedanke ist die Versorgung des Organismus mit den für ihn wichtigen Mineralstoffen, damit dieser wieder „normal" und gesund funktionieren kann.

Früher hatte Schüßler sehr viele Feinde unter seinen Ärztekollegen, doch heute ist seine Therapie weit verbreitet und anerkannt. In den letzten Jahren ist diese Behandlungsform auch in der Tiermedizin sehr populär geworden.

Zu den **zwölf Schüßler Salzen** zählen Calcium fluoratum, Calcium phosphoricum, Ferrum phosphoricum, Kalium chloratum, Kalium phosphoricum, Kalium sulfuricum, Magnesium phosphoricum, Natrium chloratum (muriaticum), Natrium phosphoricum, Natrium sulfuricum, Silicea und Calcium sulfuricum. Später wurden noch weitere 13 Ergänzungsmittel hinzugefügt.

Nr. 1 Calcium fluoratum

Für die Elastizität und Festigkeit von Knochen und Geweben.

Es findet sich im Zahnschmelz, in den Knochen und in der Oberhaut, besonders in den elastischen Fasern wie Sehnen und Bändern. Dieses Salz entlastet den Kreislauf, kräftigt die kleinen Blutgefäße und löst Gewebeverhärtungen auf. Es wird eingesetzt bei Verlust der Elastizität der Gewebe, bei Verhärtungen von Drüsen, Gelenkserkrankungen, Knochen- und Zahnerkrankungen und auch bei Geschwülsten. Es passt besonders bei schlanken Tieren, die schwächlich und ängstlich sind. Besserung der Beschwerden bei Wärme, bei Bewegung und nach dem Fressen. Verschlechterung bei Kälte und Nässe, extremen Temperaturen, in Ruhe und zu Beginn der Bewegung.

Nr. 2 Calcium phosphoricum

Zum Aufbau der Knochensubstanz und Wachstumsunterstützung.

Dieses Salz kommt im Körper am häufigsten vor und ist ein Aufbau- und Kräftigungsmittel insbesondere der Knochen, aber auch anderer Zellen. Es wird vor allem bei Störungen im Wachstum und in der Reifung der Knochen und des Bindegewebes eingesetzt, also auch bei schlecht heilenden Brüchen, bei Blutarmut, raschem Ermüden und Lungenerkrankungen. Es passt sehr gut bei einem schwachen, kränklichen und nervösen bis panischen Gesamteindruck und dient der Ausheilung und Erholung. Verbesserung bei Wärme und Trockenheit und beim Fressen. Verschlimmerung der Beschwerden nachts und in der Ruhe.

Gut in Kombination mit Nr. 1 Calcium fluoratum zu verwenden.

Nr. 3 Ferrum phosphoricum

Zur Anregung der Durchblutung, bei Fieber und Krankheitsbeginn.

Eisenphosphat ist wichtig für den Stoffwechsel, das Immunsystem und das Blut. Es ist zentraler Regelstoff des „Bauchhirns" und ein klassisches Kindermittel. Vor allem im Anfangsstadium einer plötzlichen Entzündung und Fieber, bei hoch-fieberhaften Erkrankungen, bei Blutarmut und bei allen Schmerzen, Wunden, Blutungen, Quetschungen, Gelenkverstauchung oder körperlicher Überanstrengung einzusetzen. Auch hilfreich bei einem akuten Magenkatarrh mit Schmerzen oder Durchfall mit Fieber. Es passt gut zu empfindlichen, erschöpften Tieren, die leicht krank werden. Verbesserung frühmorgens und in der Ruhe. Verschlechterung nachts und durch Kälte.

Nr. 4 Kalium chloratum

Bei Entzündung mit Flüssigkeit, zähem Schleim und als allgemeines Drüsenmittel.

Auch dieses Salz ist ein unabdingbarer Zellbaustein und wichtig für das Blut, er spielt eine Rolle beim Eiweißaufbau und der Kohlenhydratverwertung. Wie das Natrium ist es ebenso notwendig für die Erregbarkeit der Nerven und Muskeln. Mit seiner Wirkung auf die Schleimhäute ist es besonders bei Katarrhen mit zähflüssig-fibrinösen Absonderungen zu verwenden, im zweiten Entzündungsstadium. Auffallend sind weiße, weißgraue oder weißschleimige Absonderungen, als Schuppen auf der Haut oder als Membranen auf der Schleimhaut. Hier kommen Augenerkrankungen, Lungenentzündung, Luftsackentzündung, Rippenfellentzündung, Bronchitis, Sehnenscheidenentzündung oder auch Warzen, Impfbeschwerden und Verbrennungen als Behandlungsschwerpunkte infrage. Es passt besonders gut zu trägen, aber reizbaren Tieren, die eher zu dick und immer hungrig sind. Die Beschwerden werden bei Wärme besser, bei Bewegung und feuchtkalter Luft verschlechtern sie sich.

Nr. 5 Kalium phosphoricum

Als Rekonvaleszensmittel und Antiseptikum, Nervensalz.

Dieses Mittel ist wichtig für das Blut, das Gewebe und die Zellen. Es wirkt bei akuten und chronischen Erkrankungen, erhöht die Nervenkraft. Hilfreich bei Erschöpfungszuständen, bei Nervosität oder Hysterie, Muskelschwäche, Blutungen und Lähmungen. Besonders bei Kräfteverfall während Infektionskrankheiten, bei faulig riechenden Absonderungen von Entzündungen und Verletzungen. Eine Art innerliches Antiseptikum unter den Schüßler Salzen. Es passt bei schlanken bis mageren Tieren, die matt und ängstlich sind. Verbesserung der Beschwerden bei mäßiger Bewegung und Wärme, die sich bei Anstrengung und Kälte verschlimmern.

Nr. 6 Kalium sulfuricum

Zur Entgiftung und Entschlackung, bei chronischen Erkrankungen.

Es findet sich in der Haut und im Blut, aktiviert den Zellstoffwechsel. Hilfreich ist es besonders im dritten Entzündungsstadium mit gelb-schleimigen Absonderungen. Das Mittel wird bei Hautleiden mit Abschuppung, bei chronisch-eitrigen Schleimhautkatarrhen, bei Katarrhen von Magen und Darm, bei Entzündung von Leber und Niere und allgemein zur Förderung der Entgiftung eingesetzt. Auffallend ist die Traurigkeit und Ängstlichkeit. Verschlimmerung der Beschwerden abends und im Warmen, Verbesserung im Frischen und Kühlen.

Wichtig

1. Entzündungsstadium: trockene Schwellung ohne Sekretion erfordert Ferrum phosphoricum,
2. Entzündungsstadium: zähflüssige Sekrete erfordern Kalium chloratum,
3. Entzündungsstadium: gelb-schleimige Sekrete erfordern Kalium sulfuricum!

Nr. 7 Magnesium phosphoricum

Bei Krämpfen und Schmerzen, für Herz und Nerven.

Magnesium ist im Knochen und Muskel, in den Nerven, im Blut und der Leber enthalten, zudem ist es an vielen Stoffwechselvorgängen beteiligt. Es steuert die neuromuskuläre Erregbarkeit und die Herzfunktion. Das Mittel wirkt gegen Krämpfe aller Art, gegen Koliken und Schmerzen, besonders aufgelöst in heißem Wasser („Heiße Sieben"). Es wird auch als „homöopathisches Aspirin" bezeichnet. Es passt besonders bei Tieren, die nervös und unsicher sind, die sich nicht gerne berühren lassen und schmerzempfindlich sind. Verbesserung der Beschwerden bei Wärme und Druck, Verschlechterung bei Kälte.

Tipp

„Heiße Sieben": In heißem Wasser rund 8 Tabletten auflösen. Wirkt entkrampfend und schmerzstillend.

Nr. 8 Natrium chloratum

Zur Regulation des Flüssigkeitshaushaltes.

Es ist lebenswichtig und findet sich vor allem in der Flüssigkeit außerhalb der Zellen. Es regelt den Wasserhaushalt, den Säure-Basen-Haushalt, die Erregbarkeit der Nerven und Muskeln, die Neubildung der Zellen und der Blutkörperchen. Es wird besonders bei Allergien, Blutarmut, Appetitlosigkeit und Abmagerung, bei wässrigen Katarrhen und nässenden Ekzemen eingesetzt. Verschlimmerung der Beschwerden morgens und bei feucht-kühlem Wetter, Verbesserung bei trockenem, warmen oder kühlem, frischen Wetter. Oft haben die Tiere viel Durst und das Verlangen nach Salzigem!

Nr. 9 Natrium phosphoricum

Für die Regulation des Säurehaushaltes.

Dieses Mittel ist in den Nerven, Muskeln, dem Blut und Bindegewebe. Es ist wichtig zur Ausscheidung von Stoffwechselprodukten und für den gesamten Stoffwechsel. Bei einem Überschuss an Säuren aller Art ist es sehr bewährt sowie bei akuten und chronischen Krankheiten, die auf einer Stoffwechselstörung beruhen. Auch hilfreich bei Drüsenschwellungen, Rachenkatarrh, Magenentzündung, Blasenkatarrh, Nierensteinen und Ekzemen mit gelblichen und rahmigen Sekreten. Die Tiere erscheinen möglicherweise übergewichtig, sehr nervös und schlecht gelaunt. Verbesserung bei Wärme, Schwitzen und durch Trinken. Verschlimmerung der Beschwerden bei Bewegung und feuchtem, kaltem Wetter.

Nr. 10 Natrium sulfuricum
Zur Entschlackung und als Lebermittel.

Dieses Salz ist vor allem in den Körpersäften; es reguliert den Flüssigkeitshaushalt sowie die Ausscheidung über die Nieren und der Haut. Es hilft bei der Auflösung von Ödemen, bei Erkrankungen von Leber, Niere und Blase, bei alten und schlecht heilenden Wunden, bei grippalen Infektionen. Es passt besonders bei gelb-grünlichen und wässrigen Absonderungen und für frostige Tiere, die reizbar oder niedergeschlagen sind. Verbesserung bei frischer Luft und trockenem Wetter, bei Lagewechsel. Verschlimmerung der Beschwerden gegen Morgen und im Feuchten.

Nr. 11 Silicea
Für Haut, Haare und Hufe, bei Entzündung mit Eiter.

Dies ist ein Baustein des Bindegewebes und damit wichtig zum Aufbau der Haut und Schleimhaut, der Hufe, Haare und Knochen. Es steigert die Widerstandsfähigkeit und Festigkeit der Gewebe. Silicea hat eine enge Verbindung zum Calcium-Stoffwechsel und ist wichtig für das Immunsystem. Dadurch ist es neben Calcium sulfuricum ein wichtiges Mittel bei akuten und chronischen Entzündungen mit Eiterungen. Es hilft bei schwachen Gefäßen, bei Huf- und Haarproblemen, bei Drüsenentzündungen, Verhärtungen oder auch Narben. Außerdem unterstützt es den schnelleren Abbau von Ergüssen. Die Tiere erscheinen eher zart und etwas zurückgeblieben. Verschlimmerung der Beschwerden durch Kälte, Bewegung, Aufregung und in der Nacht. Verbesserung im Warmen und bei Zudecken.

Nr. 12 Calcium sulfuricum
Als Haut- und Schleimhautmittel, bei Eiterungen.

Es ist vor allem in der Leber zu finden, steigert die Blutgerinnung und regt den Stoffwechsel an. Es heilt besonders Abszesse oder Furunkel, Bindehautentzündung, eitrige Bronchitis, Blasen- oder Nierenentzündung und chronischen Schnupfen mit Beteiligung der Kieferhöhlen sowie stinkendem, blutig-eitrigen Sekret. Es passt besonders zu unruhigen Tieren, die sich schlecht konzentrieren können. Verbesserung bei Frischluft und trockener Luft. Verschlechterung bei Zugluft oder Feuchtigkeit.

In diesem Buch werden nur die zwölf Ursprungsmittel aufgeführt, um das Thema etwas überschaubarer zu halten und den Einstieg in diese Mittel zu erleichtern.

Schüßler Salze gibt es als **Tabletten** in den festgelegten Potenzen D3, D6 und D12 und sie werden der Einfachheit halber der Reihe nach durchnummeriert.

Anwendung der Schüßler Salze

Die Tabletten können dem Pferd aus der Hand, dem Futter zugefügt (in Tablettenform, zermahlen oder aufgelöst) oder in Wasser gelöst mit einer Spritze direkt ins Maul gegeben werden. In **akuten** Fällen werden die Schüßler-Salze in kürzeren Abständen hintereinander verabreicht, etwa alle halbe Stunde bis alle paar Stunden, und jeweils zwei bis drei Tabletten. **Chronische** Erkrankungen werden mit ein- bis zweimal täglichen Gaben von etwa drei bis fünf Tabletten behandelt. Die **Dauer der Behandlung** mit Schüßler Salzen beträgt bei akuten Erkrankungen etwa zwei bis drei Wochen und in chronischen Fällen mindesten zwei Monate, meist drei Monate. Die genaue Anzahl der Tabletten und der Häufigkeit und Zeitdauer der Verabreichung sind individuell und können durch einen Therapeuten festgestellt werden. Einige Therapeuten setzen eine Kombination mehrerer Mittel ein, andere geben die Schüßler Salze als Einzelmittel.

Natürlich gibt es die Schüßler Salze auch in **Salbenform**, die wie die Tabletten in der Apotheke gekauft werden können.

Tipp
Im Akutfall dem Pferd zwei Tabletten (insgesamt ca. 10 Tabletten) des ausgewählten Mittels alle 30 min geben, bis eine sichtbare Besserung eintritt.

Eine wichtige Anmerkung: Die in diesem Buch aufgeführten Schüßler Salze dienen als Empfehlungen und sind erprobte Indikationen. Im Einzelfall ist es wichtig, mithilfe eines Therapeuten das passende Mittel aufgrund seiner Eigenheiten auszuwählen und es gegebenenfalls mit weiteren zu kombinieren oder in Folge zu setzen. Bei Interesse an den Schüßler Salzen kann man sein Repertoire natürlich um die Ergänzungsmittel aufstocken und damit den Therapierahmen erweitern.

Bach-Blüten

Die Bach-Blütentherapie ist wohl eine der bekanntesten Therapien aus dem Bereich der Blütentherapien. Der englische Arzt **Dr. Edward Bach** (1886–1936) erarbeitete 38 Mittel, die aus ungiftigen Blüten und Knospen hergestellt werden, und ein Mittel besteht aus reinem Quellwasser. Die Bezeichnung der Mittel ist **englisch**, so gibt es den Odermennig als Agrimony, die Zitterpappel als Aspen, die Rotbuche als Beech und das Tausendgüldenkraut als Centaury. Jedem Mittel werden bestimmte Seelen- und Gemütszustände zugeordnet.

In einfachen **Potenzierungsverfahren** werden die ausgesuchten Blüten in Quellwasser gelegt und in die Sonne gestellt oder ausgekocht, sodass die Essenz auf das Wasser übergeht. Dieses Blütenwasser wird mit Alkohol aufgefüllt, um es haltbar zu machen.

Dr. Bach war der Überzeugung, dass die Ursache einer Erkrankung nicht im körperlichen, sondern im **seelischen Bereich** zu suchen und dort vorrangig zu behandeln ist. Damit war er seiner Zeit weit voraus und betonte durch die natürlichen und einfachen Verfahren zur Herstellung seiner Mittel, die außerdem noch aus ungiftigen Pflanzen bestehen, die praktikable Anwendung für Jedermann.

Die Bach-Blüten setzen wir bei den Pferden in erster Linie zur Behandlung von Gemütssymptomen ein, bei Verhaltensauffälligkeiten, bei Stress und Ängsten, natürlich auch vorbeugend oder unterstützend vor Transporten oder Umstellungen. Wir versuchen mit ihnen die **Ursache der Erkrankung** zu behandeln.

Durch die Betonung ihres Ansatzes im seelischen Bereich ergänzen sie vor allem die Therapien chronischer und schwerwiegender Erkrankungen.

Nr. 1 Agrimony

Der Odermennig, die „Ehrlichkeitsblüte“ für überbelastete Pferde, die ständig beschäftigt werden wollen oder in der Box umherlaufen. Sie sind sehr unkompliziert und gehorsam, unterdrücken ihre eigenen Wünsche und wollen keinen Konflikt oder Streit. Körperlich kämpfen sie oft mit Verkrampfungen, mit Hauterkrankungen nicht-allergischer Art, haben als Fohlen Warzen, später Hautrötungen und Schuppen.

Nr. 2 Aspen

Die Espe, die „Ahnungsblüte“ für ängstliche Pferde, die „zittern wie Espenlaub“, der Grund der Angst ist nicht offensichtlich. Sie haben einen gehetzten Blick, schwitzen und sind nervös. Es kann sich eine Neigung zu Kolik, Darmentzündung, Verletzungen der Bänder und Sehnen zeigen

Nr. 3 Beech

Die Rotbuche, die „Toleranzblüte“ für Pferd mit Problemen in der Herde, mit anderen Pferden, mit dem Menschen. Sie reagieren reizbar und untolerant, sind oft verspannt und widersetzlich. Diese Pferde können zu Allergien neigen, zu Sommerekzem, Futtermittel-, Staub- oder Insektenstichallergie, aber auch zu Verstopfung und Arthrosen.

Nr. 4 Centaury
Das Tausendgüldenkraut, die „Blüte des Dienens" für die sanften, ruhigen, willensschwachen und fügsamen Pferde, die sich immer unterordnen, in der Herde, unter dem Reiter. Sie neigen zu wiederkehrenden Infekten, zu häufigem Wurmbefall, zu Erschöpfungszuständen und Hauterkrankungen.

Nr. 5 Cerato
Die chinesische Bleiwurz, die „Intuitionsblüte" für willensschwache, wechselhafte Pferde, die unsicher sind, nicht alleine bleiben können. Sie leiden möglicherweise unter Wachstumsstörungen und verzögertem Zahnwechsel.

Nr. 6 Cherry Plum
Die Kirschpflaume, die „Gelassenheitsblüte" für das Pferd, das traumatische Zeiten erlebt hat und jetzt unter einer großen innerlichen Anspannung steht, verkrampft und nervös ist, auch niedergeschlagen. Es zeigt überschießende und unkontrollierbare Reaktionen, Durchgehen oder Ausschlagen. Die Pferde neigen zu Verspannungen, zu Koliken, stereotypen Verhaltensweisen, Neuropathien oder zum Headshaking.

Nr. 7 Chestnut Bud
Die Knospe der Rosskastanie, die „Lernblüte" für Pferde mit auffälliger Lernschwäche, für junge Pferde in der Ausbildungszeit, die sich noch nicht konzentrieren können und immer wieder die gleichen Fehler machen. Diese Tiere neigen zu wiederkehrenden Krankheiten wie periodische Augenentzündung, zu Koliken oder Reheschüben oder zu chronischer Bronchitis.

Nr. 8 Chicory
Die Wegwarte, die „Mütterlichkeitsblüte" für die Pferde mit Verlangen nach Zuwendung, die im Mittelpunkt stehen wollen, die empfindlich und beleidigt sind, wenn sie nicht ihren Willen bekommen. Sie haben in der Herde Macht und als Stute umsorgen sie ihr Fohlen übertrieben fürsorglich. Diese Pferde neigen zu Verspannungen, zu Erkrankungen der Halswirbelsäule und der Leber, reagieren gleichzeitig übertrieben bei einer Verletzung oder Erkrankung.

Nr. 9 Clematis
Die weiße Waldrebe, die „Realitätsblüte" für verträumte Pferde, die teilnahmslos und unkonzentriert sind. Sie weisen eine gewisse Ungeschicklichkeit auf, dösen viel und sind schläfrig, haben in der Erkrankung keinen Drang zur Gesundung. Diese Pferde haben häufiger Ödeme am Bauch und an den Beinen, Phlegmone oder eine Unterfunktion der Schilddrüse.

Nr. 10 Crab apple
Der Holzapfel, die „Reinigungsblüte" für sehr infektanfällige Pferde. Die Blüte fördert die Entschlackung und Entgiftung, sie hilft bei Parasitenbefall, bei Pilz- und Hauterkrankungen allgemein und nach Medikamentengabe.

Nr. 11 Elm
Die Ulme, die „Verantwortungsblüte" für Pferde, die unter plötzlicher Schwäche leiden, vorher aber leistungsstark waren. Sie sind nun müde, erschöpft und ohne Motivation, zeigen Nervosität und Konzentrationsstörungen. Die Pferde neigen zu Muskelabbau, Infektionen und Darmentzündung. Elm hilft Stuten bei der Geburtsvorbereitung, besonders beim ersten Fohlen.

Nr. 12 Gentian
Der bittere Enzian, die „Glaubensblüte" für Pferde, die keine Zuversicht und Ausdauer

haben, die sensibel und misstrauisch sind und schlechte Erfahrungen gemacht haben, die nun übertrieben entmutigt sind in einer ähnlichen Situation. Sie haben langwierige Krankheiten, schlecht heilende Wunden oder Magenprobleme.

Nr. 13 Gorse
Der Stechginster, die „Hoffnungsblüte“ für die ganz resignierten, kraftlosen Tiere, die nicht mehr aktiv an ihrer Heilung arbeiten, deren Erkrankung sehr langwierig ist. Die Pferde sind ganz „unten“ und apathisch, haben keinen Appetit und sind in einem schlechten Zustand.

Nr. 14 Heather
Das Heidekraut, die „Identitätsblüte” für aufdringliche und lästige Pferde, die ein großes Bedürfnis nach Nähe und Zuwendung haben. Sie sind nicht gerne alleine, kleben an den anderen Pferden und neigen zu Verdauungsstörungen und wiederkehrenden Atemwegsinfekten.

Nr. 15 Holly
Die Stechpalme, die „Herzöffnungsblüte” für aggressive Pferde, die beißen und buckeln. Diese Pferde haben möglicherweise eher akute Infekte mit Fieber, Allergien, Koliken und Schmerzen.

Nr. 16 Honeysuckle
Das Geißblatt, die „Vergangenheitsblüte” für Pferde, die oft den Besitzer und Stall wechseln mussten, die misshandelt wurden oder traumatische Erlebnisse hatten. Die Blüte hilft besonders im Zeitraum der Geburt und im Alter, beim Tod eines Pferdefreundes oder beim Umzug in eine neue Umgebung. Die Pferde haben häufig chronische Erkrankungen, Arthrosen im Alter, Haarwechsel-Probleme, sind schwach nach Operationen.

Nr. 17 Hornbeam
Die Hainbuche, die „Spannkraftblüte“ für geistig müde Pferde, die sich schwer konzentrieren können, kraftlos sind. Sie neigen zu Muskelatrophie und Erkrankungen der Atemwege.

Nr. 18 Impatiens
Das drüsentragende Springkraut, die „Zeitblüte“ für ungeduldige, reizbare und nervöse Pferde, die Zeichen des Menschen nicht abwarten und eher ärgerlich als ängstlich sind. Sie neigen daher eher zu Koliken, Juckreiz, Allergien und Magenproblemen.

Nr. 19 Larch
Die Lärche, die „Selbstvertrauensblüte“ für unsichere Pferde, die kein Vertrauen in ihre Leistung und in ihre Stellung in der Herde haben, immer rangniedrig sind, auch unter dem Reiter. Diese Pferde haben Probleme mit wiederkehrenden Infektionen, mit langwierigen und behandlungsresistenten Krankheiten, mit Wachstumsstörungen.

Nr. 20 Mimulus
Die gefleckte Gauklerblume, die „Tapferkeitsblüte“ für die Pferde mit Angst vor ganz bestimmten Dingen oder Lebewesen. Sie sind lärmempfindlich und scheuen vor Neuem. Diese Pferde neigen zu Erkrankungen der Beugesehnen und des Fesselträgers oder zu Herz- oder Kreislauf-Problemen und auch zu Durchfall.

Nr. 21 Mustard
Der wilde Senf, die „Lichtblüte“ für Pferde mit einer plötzlich auftretenden düsteren Stimmung, die sich abkapseln, keine Freude haben, das Futter verweigern. Sie können Allergien haben oder chronisch obstruktive Bronchitis. Diese Blüte ist schwieriger in der Zuordnung beim Pferd, kann aber bei nicht artgerechter Haltung des Tieres helfen (trotzdem Haltungsumstellung!).

Nr. 22 Oak
Die Eiche, die „Ausdauerblüte" für sehr pflichtbewusste, gerne arbeitende Pferde, die unter Leistungsdruck stehen und ihre Energie aufbrauchen. Sie sind total erschöpft und brechen zusammen. Diese Blüte wird besonders im Leistungssport Verwendung finden oder bei der Umstellung eines alten Pferdes in seine „Rente". Diese Pferde haben chronische Erkrankungen, Lahmheiten und Arthrose, entwickeln Stereotypien wie Weben und Koppen.

Nr. 23 Olive
Die Olive, die „Regenerationsblüte" für körperlich und geistig ermüdete Tiere mit einer chronischen Erkrankung oder körperlichen Überanstrengung. Die Infektanfälligkeit ist erhöht und diese Pferde können unter einer Leber- oder Blasenentzündung, Tumore, Hufrehe oder Herzschwäche leiden.

Nr. 24 Pine
Die Kiefer, die „Blüte der Selbstakzeptanz" für Pferde mit einem schlechten Gewissen, die unsicher und empfindlich sind, unterwürfig, rangniedrig und übervorsichtig aus Angst, etwas falsch zu machen. Sie neigen zu Verdauungsproblemen, Stresskolik, Infektionen oder Headshaking.

Nr. 25 Red Chestnut
Die rote Kastanie, die „Abnabelungsblüte" für Pferde mit einer zu starken Bindung an andere Pferde, die Herde oder an ihr Zuhause. Sie leiden sehr unter einem Stall- oder Besitzerwechsel, unter dem Absetzen von der Mutterstute oder Tod eines anderen Pferdes. Diese Pferde neigen zu Koliken, Verletzungen und Infektionen.

Nr. 26 Rock Rose
Das gemeine Sonnenröschen, die „Eskalationsblüte" für die plötzliche Panik bei Pferden, die durchgehen, bocken oder schlagen und körperlich mit Durchfall, Schwitzen und Kreislaufkollaps reagieren können. Diese Blüte ist besonders nach Unfällen und Schock sowie in lebensbedrohlichen Situationen wie Kolik, Operation, Sonnenstich oder Misshandlung hilfreich.

Nr. 27 Rock Water
Das heilkräftige Quellwasser, die „Flexibilitätsblüte" für die sehr disziplinierten Pferde, die perfekt sein wollen und innerlich angespannt sind. Dadurch entwickeln sie Muskelverspannungen und Gelenksteifigkeiten.

Nr. 28 Scleranthus
Der einjährige Knäuel, die „Balanceblüte" für launische, unausgeglichene und hektische Pferde, die keinen Platz in der Rangordnung finden. Sie sind sehr wetterfühlig, haben Gleichgewichtsstörungen oder im Wechsel Verstopfung und Durchfall oder Koliken.

Nr. 29 Star of Bethlehem
Der doldige Milchstern, die „Trostblüte" für die Verarbeitung eines Schockerlebnisses, egal ob vor kurzem oder vor langem passiert, vom Abfohlen bis zum Tod. Diese Blüte kann immer in die erste Mischung kommen.

Nr. 30 Sweet Chestnut
Die Edelkastanie, die „Erlösungsblüte" für Pferde mit einer langwierigen Krankheit oder aus schlechter Haltung, mit Appetit- und Energiemangel. Sie haben viele Würmer, schlecht heilende Wunden, chronische Krankheiten wie Sarkoide oder Arthrose.

Nr. 31 Vervain
Das Eisenkraut, die „Begeisterungsblüte" für die dominanten und willensstarken Pferde, die leistungsstark und überaktiv sind, dickköpfig und nur selten entspannt. Sie überfordern sich und fordern Abwechslung in ihrer Arbeit. Diese Pferde haben häufig Sehnenprobleme, Krämpfe oder Headshaking.

Nr. 32 Vine
Die Weinrebe, die „Autoritätsblüte“ für die Leittiere, die Problem haben mit der Autorität des Menschen. Sie sind lernunwillig, ordnen sich nicht gerne unter und sind sehr selbstsicher. Dadurch finden wir hier oft Verspannungen und Steifheit der Gelenke, die Pferde sind möglicherweise Kopper oder Weber.

Nr. 33 Walnut
Die Walnuss, die „Geburtshelferin“ für die Pferde im Umbruch, in Veränderung ihrer Lebensumstände, im Sterbeprozess, im Zahnwechsel, Fellwechsel oder auch bei der Narbenbehandlung.

Nr. 34 Water Violet
Die Sumpf-Wasserfeder, die „Kommunikationsblüte“ für die Einzelgänger und Außenseiter. Oft schöne und ausgeprägte Pferdepersönlichkeiten, die sich weder ihrer Herde noch ihrem Menschen zuwenden. Wir finden hier Verspannungen, Verstopfungen und Ekzeme.

Nr. 35 White Chestnut
Die weiße Kastanie, die „Gedankenblüte“ für die geistig abwesend erscheinenden Pferde, oft mit Konzentrationsschwierigkeiten und treten als Kopper oder Weber in Erscheinung. Sie haben oft Allergien und Infektionen, Verstopfungen und Ekzeme. Sie verletzen sich häufig.

Nr. 36 Wild Oat
Die Waldtrespe, die „Berufungsblüte“ für sehr begabte und doch schnell gelangweilte, ehrgeizige Pferde, die sich nicht genug bewegen können. Sie entwickeln Unarten, können auch behandlungsresistente Erkrankungen und Hauterkrankungen ausbilden.

Nr. 37 Wild Rose
Die Heckenrose, die „Blüte der Lebenslust“ für Pferde in chronischer Erkrankung, mit Misshandlung oder schlechter Haltung. Sie resignieren, sind krank, verweigern das Fressen und nehmen nicht mehr am Leben teil.

Nr. 38 Willow
Die Weide, die „Schicksalsblüte“ für Pferde mit schlechten Erfahrungen, die dadurch feindselig und misstrauisch, aggressiv und bissig geworden sind, weil sie so nachtragend sind. Sie neigen dadurch zu Verdauungsproblemen, zu Verspannungen, Hautproblemen und Arthrose.

Anwendung der Bach-Blüten

Jede Bach-Blüte ist als sogenannte **Stockbottle** einzeln in der Apotheke zu kaufen oder direkt als ganzes Set komplett zu beziehen. Aus den Konzentraten kann man sich seine eigene Mischung herstellen oder sie in der Apotheke zusammenstellen lassen. Sie können die Stock-bottles aber auch unverdünnt einsetzen, was besonders in Notfällen und in einmaligen Situationen hilfreich ist. Zum Herstellen einer gebrauchsfertigen Mischung geben Sie mit einer Pipette zwei Tropfen des Bach-Blüten-Konzentrates in eine 10-ml-Glasflasche. Möchten Sie mehrere Blüten in Ihrer Mischung verwenden, geben Sie von jeder Bach-Blüte zwei Tropfen in das Fläschchen. Auf eine größere Flasche kommen entsprechend mehr Tropfen.

Die Trägersubstanz besteht zu einem Drittel aus Alkohol und zwei Dritteln Wasser. Der Alkohol verbessert die Haltbarkeit der Mischung, etwa durch 45%igen Cognac oder Brandy, aber auch Wodka. Das Wasser der Mischung sollte gutes Quellwasser sein, also entweder gutes Leitungswasser oder Tafelwasser ohne Kohlensäure. Reagieren manche Pferde empfindlich auf den Geschmack des Alkohols, kann die Mischung auch ohne Alkohol zusammengestellt werden. Man muss dann aber die kürzere Haltbarkeit beachten und die Mischung nur mit einer sauberen Pipette oder Spritze in das Fläschchen geben.

Nach dem Mischen der Bach-Blüten-Zusammenstellung wird das Fläschchen verschlossen und gut geschüttelt. Hieraus geben Sie nun mehrmals täglich dem Pferd zwei bis drei Tropfen. Die Tropfen können direkt ins Maul verabreicht, auf etwas trockenem Brot gefüttert werden, in das Tränkwasser getropft oder auch äußerlich aufgetropft und eingerieben werden.

Zur **längerfristigen Verabreichung** wird die Blüten-Mischung ein- bis dreimal täglich je nach der individuellen Situation gegeben.

Tipp

Im **Akutfall**, wie bei einem Unfall oder Schock, kann die Blüten-Gabe auch alle paar Minuten erfolgen, bis eine Verbesserung und Beruhigung des Zustandes festzustellen ist.

Die **Notfalltropfen** oder **Rescue Remedy** helfen besonders in Schock- und Stresssituationen und sind eine fertige Mischung aus den Blüten Star of Bethlehem, Rock Rose, Impatiens, Cherry Plum und Clematis. Sie sind die einzige Mischung von Blüten, die Edward Bach zusammengestellt hat.

Die **äußerliche Anwendung** mit Umschlägen, Abreibungen oder in Form der Notfall-Salbe ist auch möglich. Hier können auch bestimmte Akupunkturpunkte oder Körperareale gezielt behandelt werden und so zwei Therapieformen sinnvoll miteinander verbunden werden.

Die geschlossene Stock-bottle in der Nähe oder mit Hautkontakt zum Tier hat ebenfalls eine heilende Wirkung und kann unter manchen Umständen genutzt werden.

Die **Auswahl** der Blüten richtet sich nach den psychisch-seelischen Eigenarten und Veränderungen und erfordert eine sorgfältige Erfassung dieser Symptome. Hier ist ein erfahrener Therapeut zur Auswahl der richtigen Blüte oder Kombination von mehreren Blüten zu empfehlen. Die Bach-Blütentherapie ist sehr gut mit anderen Behandlungsformen zu kombinieren.

Wichtig

In vielen Fällen ist es sinnvoll und notwendig, nicht nur das Pferd, sondern auch den **Reiter** oder **Pferdehalter** mit zu behandeln.

Zwischen Pferd und Mensch besteht ein enger Zusammenhang und beide werden zum Spiegelbild des anderen, darum ist es unter Umständen sinnvoll, Pferd und Reiter gleichzeitig zu behandeln. Eine Therapie nur eines Partners ist in manchen Fällen wirkungslos und erfordert den Blick und die Erfassung des gesamten Umfeldes. Hier ist besonders die Hilfe eines erfahrenen **Therapeuten** zu suchen, da man selbst zu nahe dran ist und die Problematik möglicherweise nicht erkennt.

Akupressur

Die Akupressur ist ein Bestandteil des Gesamtkomplexes der **Traditionellen Chinesischen Medizin**, kurz **TCM** genannt. Sie ist eine Variante der **Akupunktur**, die mit Nadelstechen und Räuchern (Moxibustion) therapiert. Der Name **Akupressur** setzt sich aus dem lateinischen Wort acus für Nadel und pressus für Druck zusammen, bei der Akupunktur steht dagegen das Wort pungere für Stechen.

Beide Therapien beeinflussen den **Energiefluss** des Körpers im Verständnis der TCM durch die Reizung klar definierter Hautareale mit Nadeln, Hitze, Druck oder anderem.

Die **TCM** ist ein in sich geschlossenes System, das sich in China im Laufe von tausend

Jahren entwickelt hat und bis heute unverändert und bewährt ist. Sie unterscheidet sich von unserer westlichen Medizin dadurch, dass sie den Körper als eine **Einheit** sieht und alle Teile in ihm untereinander in Kontakt stehen, zum Körper als Ganzem und ebenso zur Umwelt.

Die **Gesundheit** wird definiert als ein Gleichgewicht im Organismus selbst und ebenso als Gleichgewicht in der Beziehung des Organismus zur Umwelt. Die Energie fließt dann in ihrem Kreislauf ungehindert und harmonisch durch den Körper. Wird dieses Gleichgewicht gestört, kommt es zu einer **Erkrankung**.

Erklärt wird der Energiekreislauf und dieses Gleichgewicht mit der **Yin-Yang-Theorie**, die auf dem Prinzip der beiden gegensätzlichen Komponenten von **Qi** oder Ch'i gründet. Diese entstand aus der Beobachtung der Natur und beschreibt, wie sich alles im Universum zu Gegensatzpaaren ordnet. Alles kann unter die Kraft Yin und Yang eingeteilt werden, denn es gibt beispielsweise keinen Tag ohne Nacht, kein kalt ohne heiß, kein innen ohne außen und auch alles im Organismus lässt sich mit Yin und Yang unterteilen.

Yin symbolisiert eher die passive oder negative Kraft und **Yang** dagegen das aktive und positive. Sind beide im Gleichgewicht, überwiegt keines der beiden, ist der Organismus gesund.

Qi ist die gesamte Kraft und Energie, die Lebensenergie oder Vitalkraft, die das Gleichgewicht im Körper regelt. Sie kommt über die Ernährung und Atmung von außen in den Organismus, wird durch bestimmte Organe in eine absorbierbare Form gewandelt und durch andere Organe wieder gespeichert und im Körper verteilt.

Bei einer **Erkrankung** wird das Qi gestört und aus dem Gleichgewicht gebracht. Ein Organ ist dann geschwächt und besitzt zu wenig Energie, entwickelt „**Leere**" und ein Yang-Symptom oder es hat zu viel Energie und leidet unter Stauungen oder „**Fülle**", einem Yin-Symptom.

Ein Organismus mit einer guten und stabilen Konstitution gleicht eine Störung von alleine aus. Ist der Organismus aber durch Stress, schlechte Lebensbedingungen oder Störfelder längerfristig geschwächt, kann er nicht mehr ausgleichen und das Organ erkrankt.

Der Begriff der **Meridiane** in der TCM stellt die Grundlage der Akupunktur und Akupressur dar. Die Meridiane können mit einer Art Bahn verglichen werden, in denen das Qi und das Blut im Körper zirkulieren und die die Organe miteinander verbinden. Sie sind nicht mit dem Auge zu sehen, können aber durch die Messung des neuroelektrischen Potenzials nachgewiesen werden. Das System der Meridiane und der Nebengefäße verbindet alles im Körper, alle Organe miteinander und die Organe zum Ganzen und sichert das Gleichgewicht.

Die **Organe** im Körper werden aufgrund ihrer Funktion und Struktur in sechs Yin-Organe und sechs Yang-Organe unterteilt. Die Yin-Organe oder Speicherorgane (Milz/Pankreas, Herz, Lunge, Leber, Niere, Herzbeutel) verarbeiten und speichern die Nährstoffe, während die Yang-Organe oder Hohlorgane (Magen, Dünndarm, Dickdarm, Gallenblase, Harnblase, Dreifacher Erwärmer) die Nährstoffe aufnehmen und Abfallstoffe ausscheiden.

Das Meridiansystem beinhaltet **12 Hauptmeridiane**, von denen jeder mit einem der Yin- oder Yang-Organe verbunden ist, und die paarig, das heißt auf beiden Körperseiten symmetrisch verlaufend, angelegt sind. Die Meridiane werden in festgelegter Folge von der Energie durchströmt, beginnend beim **Lungenmeridian** folgt der **Dickdarmmeridian**, der **Magenmeridian**, der **Milzmeridian**, der **Herzmeridian**, der **Dünndarmmeridian**, der **Blasenmeridian**, der **Nierenmeridian**, der **Herzbeutelmeridian** (Perikardmeridian,

Kreislauf-Sexualität-Meridian), der **Dreifacherwärmer-Meridian** (3-Erwärmer-Meridian), der **Gallenblasenmeridian** und der **Lebermeridian**. Dann folgt wieder der Lungenmeridian und der sogenannte Energiekreislauf oder Umlauf beginnt von neuem.

Daneben gibt es noch acht außerordentliche, unpaarige Gefäße mit Bahnen. Dazu gehören auch das **Lenkergefäß** und das **Konzeptionsgefäß**, die über die Rücken- beziehungsweise Bauchlinie verlaufen.

Viele **Akupunktur- und Akupressurpunkte** befinden sich nun entlang dieser Meridiane und jeder Punkt hat eine genau beschriebene Wirkung auf den Körper. Durch ihre Behandlung mit Akupunktur oder Akupressur können über diese Punkte Störungen im Energiefluss behoben und Erkrankungen zur Heilung gebracht werden.

Der Akupunkturpunkt wird als spontan reizsensibler Hautpunkt beschrieben, der einen geringeren elektrischen Hautwiderstand als die Umgebung aufweist. Zum Teil kann man diese Punkte auch als flache Delle in der Haut oder Erhebungen ertasten. Sie sind eine Perforation in der oberflächlichen Hautfaszie, eine Art Durchtrittsstelle von einem Gefäß-Nerven-Bündel, eingehüllt in lockeres Bindegewebe.

Zur **Auswahl** der zu therapierenden Punkte gibt es in der TCM unterschiedliche Erklärungsansätze, die unter anderem mit dem Begriff der „Wandlungsphasen" oder den „äußeren krankmachenden Einflüssen" beschrieben werden. Dieses überaus große Gebiet der Akupunktur und Akupressur sowie der Auswahl und Zusammenstellung der Punkte kann hier nur in einfachster und sicher unvollständiger Form beschrieben werden.

Bei der Akupressur werden die **Akupunkturpunkte** mit einer stumpfen Nadel beziehungsweise Stäbchen behandelt oder es wird mit speziellen Handgriffen oder mit der Hand auf den Punkten gearbeitet. Beim Pferd wird oft nicht nur mit den Fingern, sondern mit den Handballen oder Ellbogen massiert. Die theoretischen Grundlagen sind bei der Akupunktur und bei der Akupressur die gleichen, die **Akupunktur** wirkt jedoch wesentlich intensiver als die Akupressur, gehört aber in die Hand und die Anwendung eines erfahrenen Therapeuten. Die **Akupressur** kann nach Einweisung und Erklärung des Therapeuten vom Pferdebesitzer unterstützend durchgeführt werden.

Anwendung der Akupressur

Die Akupressur ist die **Unterstützung** einer Akupunkturbehandlung und kann ebenso andere Therapieformen wirkungsvoll unterstützen.

Tipp

Die Behandlung soll in einer **ruhigen Umgebung** durchgeführt werden. Der Behandler sollte ebenfalls ruhig und entspannt sein und dem Pferd Ruhe und Sicherheit vermitteln.

Nach einer durchgeführten Akupunktur- oder Akupressurbehandlung durch einen **Fachmann** können dann im Anschluss daran die Akupressurpunkte für die späteren Behandlungen durch den Pferdebesitzer gemeinsam festgelegt und besprochen werden.

Wichtig

Zur Durchführung einer optimalen Akupressurbehandlung muss zuerst ein **Therapeut** zusammen mit dem Pferdebesitzer das Pferd untersuchen, um den geeigneten **Behandlungsplan** aufzustellen.

Diese Punkte werden mit dem Zeigefinger, Daumen, Fingerknöchel, Daumenballen oder der Handinnenfläche behandelt, je nachdem wie das Pferd reagiert.

Mit den verschiedensten **Methoden** können die Punkte bearbeitet werden. Mit der **Ausgleichsmethode** ist es möglich, jeden Akupressurpunkt zu behandeln. Nach einem ersten leichten und vorsichtigen Berühren erhöhen Sie langsam in einer kreisenden Bewegung im Uhrzeigersinn den Druck, solange wie das Pferd entspannt wird und auch bleibt. Möchten Sie an diesem Punkt eine Entspannung und einen Ausgleich erreichen, halten Sie an dieser Stelle den Druck für etwa eine Minute. Bei der **Yin-Methode** arbeiten Sie kräftig und reibend auf dem Punkt. Halten Sie ihn für etwa zwei Minuten. Dies hat eine beruhigende Wirkung. Die **Yang-Methode** entwickelt weniger Druck und dies nur für etwa eine halbe Minute. Sie belebt und weckt die Energien.

Wichtig

Je nachdem, wie viele Punkte und nach welcher Methode Sie behandeln möchten, dauert eine Akupressurbehandlung etwa 10 bis 20 min.

Die **Zeitdauer** für eine Akupressurbehandlung liegt je nach der Anzahl der ausgewählten Punkte und deren Behandlungszeit und in Abhängigkeit davon, ob sie auf beiden Seiten des Pferdes behandelt werden oder nicht, bei 10 bis 20 min. Die Behandlung kann je nach Bedarf und Möglichkeiten ein- bis zweimal am Tag durchgeführt werden.

Akupressurpunkte

Es gibt eine Vielzahl an Akupunktur- und Akupressurpunkten, die den Rahmen dieses Buches sprengen würden.

Achtung

Akupressur sollte nicht bei trächtigen oder fiebernden Pferden angewendet werden beziehungsweise nur von einer fachkundigen Person!

Einige häufig verwendeten Punkte und ihre Lage am Pferd sind:

- **Lunge 7** liegt am inneren Vorderbein etwa eine Handbreit über dem Vorderfußwurzelgelenk am vorderen Rand des Radius (Unterarm). Er hat Einfluss auf Atemwegserkrankungen wie Husten, Atemnot, Asthma, auf Lungenerkrankungen und stärkt das Immunsystem (Kombination mit Dickdarm 4). Er ist besonders am Beginn einer Erkältung wirksam und bei Steifheit im Genick oder Schmerzen in der Vorhand.
- **Dickdarm 4** liegt innen am Vorderbein und unterhalb des Vorderfußwurzelgelenkes. Der Punkt hat Einfluss auf Erkrankungen der oberen Atemwege und auf Allergien. Er wirkt gegen Schmerzen aller Art, besonders bei Genickschmerzen und Lahmheiten der Schulter und Vorhand. Er senkt das Fieber und stärkt das Abwehrsystem des Tieres.
  Auch zur Beruhigung von Angstzuständen zusammen mit dem Punkt Leber 3 und Lenkergefäß 24 anzuwenden. Zum allgemeinen Aufbau und Anregung in Kombination mit dem Punkt Magen 36.
- **Dickdarm 16** ist vor der Schulter an der Halsseite. Der Punkt hat unter anderem Einfluss auf Schmerzen und Probleme in der Vorhand, Arthritis im Schulter- oder Ellenbogengelenk und ist bei Lungenentzündungen hilfreich.
- **Magen 36** liegt am äußeren Hinterbein etwa eine Handbreit unterhalb des Knies auf der Schienbeinleiste. Der Punkt wirkt bei Verdauungsbeschwerden, bei Durchfall oder Verstopfung, Kolik, Schwächezuständen, besonders bei chronischen Krankheiten. Hilfreich bei Schmerzen und Entzündung im Knie und im Sprunggelenk. Er stärkt den Organismus und das Immunsystem, regt den Appetit an und hilft bei Fieber und Mattigkeit.

Achtung

Bei Kolik unbedingt im ersten Schritt den Tierarzt rufen!

- **Milz-Pankreas 6** liegt am inneren Hinterbein, eine Handbreit über dem Sprunggelenk am hinteren Rand der Tibia (Unterschenkel). Dieser Punkt wirkt auf das Urogenitalsystem, ist aber auch hilfreich bei Wehenschwäche, bei angelaufenen Beinen, Darm-und Magenproblemen.
- **Milz-Pankreas 21** liegt hinter der Schulter in der Gurtlage und unterhalb des Sattelblattes.
  Er hilft bei Schmerzen im Bereich des Brustkorbes und des Rückens, bei Lungenproblemen, Husten, COB (chronisch obstruktive Bronchiolitis). Ebenso gut zu behandeln bei Lebererkrankungen und Verdauungsstörungen, bei Hufrehe und allgemeiner Schwäche.
- **Dünndarm 3** liegt an der Außenseite des Vorderbeins über dem Fesselgelenk und unter dem Griffelbeinknöpfchen. Dieser Punkt lindert Schmerzen, hilft bei Erkrankungen im Kehlkopfbereich, eher bei chronischen Erkrankungen oder auch Euterentzündung. Er unterstützt Sehnen und Muskulatur, vor allem hilfreich bei Rückenverspannungen im akuten Stadium, bei Genickschmerzen, Problemen im Fessel- und Karpalgelenk, bei Sehnenentzündung und Hufrehe.
- **Blase 10** liegt seitlich am Hals, auf dem Atlasflügel des ersten Halswirbels und etwa eine Handbreit unter dem Mähnenkamm. Er ist bei Rückenproblemen hilfreich (zusammen mit Blase 1), lindert Genick- und Schulterschmerzen.
- **Blase 60** liegt außen am Hinterbein und am Sprunggelenk, in der Mitte zwischen dem Fersenbeinhöcker und dem Unterschenkel. Er ist der Punkt aller Schmerzen, besonders im Bereich des Bewegungsapparates. Er hilft bei Schmerzen vom Kopf bis zum Becken, aber zusätzlich auch bei Nachgeburtsverhalten oder Problemen unter der Geburt. Besonders wirksam ist er bei Genickschmerzen, chronischen Rückenschmerzen und bei Problemen im Sprunggelenk.
- **Niere 3** liegt auch innen am Hinterbein, aber auf dem Sprunggelenk zwischen dem Sprunggelenkshöcker und der Tibia (Unterschenkel). Der Punkt hilft bei Erkrankungen der Niere und Blase, bei Störungen im Hormonsystem, bei Husten und bei Arthritis.
- **Gallenblase 20** befindet sich hinter den Ohren am Ohrmuschelgrund. Dieser Punkt zielt eher auf den Kopfbereich, er hilft bei Augen- und Ohrerkrankungen, bei Problemen im Nacken oder der Halswirbelsäule. Er ist bei Fieber und bei Erkältungen, Virusinfektionen und Lungenerkrankungen angesagt.
  Möglicherweise hilft er auch bei „Headshakern" zur Milderung der Symptome.
- **Gallenblase 41** liegt außen am Hinterbein unterhalb des Sprunggelenkes und hinter dem Griffelbein. Er wirkt auf die Leber, auf Muskelverspannungen und bei Schmerzen im Bereich des Röhrbeins. Zusätzlich kann er bei Euterentzündung und zur Verminderung der Milchproduktion eingesetzt werden.
- **Leber 3** liegt innen am Hinterbein unterhalb des Sprunggelenkes und hinter dem Griffelbeinköpfchen. Dieser Punkt wirkt krampflösend, er wirkt auf Leberentzündungen, beruhigt die Psyche und hilft bei einer stressbedingten nervösen Anspannung. Er wirkt auf Schmerzen im Sprunggelenk und in der Hüfte, ebenso auf Augenerkrankungen und bei Krämpfen.
- **Yin-Yang-Ausgleich:** Er führt zu einem geistigen und körperlichen Ausgleich und besteht in der Kombination von drei

Punkten: dem **Siegerpunkt (Yingtang)**, der oberhalb der Augen in der Mitte der Stirn liegt, dem **Punkt Lenkergefäß 26 (Mitte des Menschen, Renzhong)**, der zwischen den Nüstern in der Mitte der Oberlippe liegt und dem **Punkt Konzeptionsgefäß 24 (Aufnehmen der Flüssigkeit, Chengjiang),** der auf der Unterlippe am Übergang zwischen der behaarten und unbehaarten Haut. Diese Punkte werden nacheinander akupressiert und diese Behandlung kann wiederholt werden.

Tipp

In **Notsituationen** bei Schock, Nasenbluten und Kreuzverschlag, aber auch bei lokalen Ödemen und Schnupfen hilft der **Notfallpunkt Lenkergefäß 26**. Er kann gekniffen werden.

Da das System der Akupunktur- und Akupressurtherapie ein überaus komplexes und vielschichtiges Gebiet ist, kann der Pferdehalter dieses nicht von gleich auf jetzt erlernen und im Rahmen dieses Buches soll nur auf einige wesentliche Punkte verwiesen werden. Eine tiefere Einarbeitung ist mithilfe weiterführender Literatur, der Einweisung durch den Therapeuten und von Fortbildungen möglich.

Magnetfeldtherapie

Die heilende Anwendung von Magnetfeldern ist in der Humanmedizin seit langem bekannt. Es handelt sich um ein **biophysikalisches Verfahren**, das messbare und reproduzierbare Impulse verwendet. Die magnetischen Ladungslinien verlaufen über die ganze Erde und bei dem natürlichen Aufenthalt im Freien werden die Ladungsträger des Pferdes pulsierend vom Magnetfeld mitbewegt. Die natürlichste Magnetfeldtherapie ist daher der Spaziergang oder Aufenthalt im Freien. Diese Therapie ist jedoch im Krankheitsfall eine ideale Ergänzung und Verstärkung anderer Heilmethoden, zudem das Tier oft im Stall oder Paddock verweilen muss und seiner natürlichen Umgebung ferngehalten wird. Im Krankheitsfall sind außerdem die Spannungsverhältnisse der Zellen verändert und durch eine Behandlung mit Magnetfeldern kann dies verbessert und die Vitalfunktionen erhöht werden.

Das **Magnetfeldgerät** besteht aus einem Steuerteil mit Akku und Decken oder Gamaschen zur Behandlung der unterschiedlichen Körperteile oder des ganzen Tieres.

Durch die Magnetfeldtherapie verbessern sich die Fließeigenschaft des Blutes, die allgemeine Durchblutung und der Sauerstofftransport im Blut sowie der Stoffaustausch und Stoffwechsel. Zur **Therapieunterstützung** dient es vor allem bei Rückenschmerzen und Verkrampfungen, bei Heilungsprozessen der Haut oder Knochen, bei Gelenkproblemen oder Arthrose, bei Sehnenproblemen und zur Trainingsunterstützung sowie bei der Behandlung von Allergien. Sie ist besonders zur Behandlung älterer Pferde und Nachbehandlung schwerwiegend und lang andauernd erkrankter Pferde geeignet.

Achtung

Eine Magnetfeldbehandlung ist nicht zu empfehlen, wenn eine schwere Herz- oder Kreislauferkrankung, eine Infektion, starkes Fieber, Tumore, Sarkoide oder eine Trächtigkeit vorliegen.

Anwendung der Magnetfeldtherapie

Die Therapie sollte individuell mit einem Therapeuten besprochen werden, da jeder Fall eine eigene Therapieeinstellung erfordert. In **akuten** Fällen kann eine Therapie ein- bis zweimal täglich durchgeführt werden. Im **chronischen** Fall kann die Behandlung über einen längeren Zeitraum täglich bis alle zwei bis drei Tage erfolgen. Da die Anwendung in der Regel recht unkompliziert ist, kann die Therapie während der Pflegemaßnahmen oder der Stallarbeit erfolgen und erfordert so keine zusätzliche Zeit und Mühe. Die Anschaffung eines Gerätes ist nicht sehr günstig, viele Therapeuten bieten aber ihr Gerät nach einer Einweisung zum Verleih an. Es besteht auch die Möglichkeit des Erwerbes eines gebrauchten Gerätes oder eine Stall- oder Haltergemeinschaft schafft sich gemeinsam ein Gerät an.

Bioresonanztherapie

Die Bioresonanztherapie ist eine **biophysikalische Informationstherapie**, die es seit fast dreißig Jahren gibt. Sie wurde in Deutschland von dem Arzt Franz Morell und dem Elektroniktechniker Erich Rasche entwickelt und nannte sich **MORA-Therapie**. Abgeleitet war sie von der seit 1920 in den USA weit verbreiteten **Radionik**. Hier werden körpereigene elektrische Signale an der Haut gemessen, die erkennen lassen, ob eine Erkrankung oder Fehlfunktion vorliegt.

Krankheit bedeutet in diesem Fall, dass eine **Störung des Energiefeldes** des Patienten besteht, die nachgewiesen und geheilt werden kann, bevor die ersten Krankheitszeichen sichtbar werden. Diese Schwingungen und Frequenzen werden so verändert, dass sie die „kranken“ Frequenzen mit einem invertierten Signal aufheben oder indem sie eine Resonanz im Energiefeld des Patienten verursachen. Mit der Übernahme der gesunden und passenden Schwingungen werden die Störungen aufgehoben und eine Selbstheilung ermöglicht. Es entstand zuerst eine Form der **Allergietherapie**, die als Allergielöschung arbeitete und bei der die Information eines Allergens oder auch einer körpereigenen Schwingung gedreht und invertiert und dem Patienten wieder übermittelt wurde. Allgemein behandelt wird bei allen Varianten der **Bioresonanztherapie** mit körpereigenen (endogenen) oder von außen zugeführten (exogenen) Informationen.

Das **Pferd** wird zur Behandlung mit einem Kabel an der Informationsabnahme und an der Informationsabgabe mit dem Gerät verbunden, es wird also ein Kreislauf zwischen Gerät und Patient geschlossen. Je nach dem System wird **individuell** ausgetestet, welche Krankheitsursachen vorliegen und mit welchen Therapieschritten vorgegangen wird.

Bei der **Radionik** kann das Pferd vor Ort oder auf Entfernung durch Erfassung seiner Daten und Körperproben energetisch analysiert und therapiert werden. Es gibt eine Vielfalt verschiedener Geräte, die mit radiästhetischen Werkzeugen, wie Pendel und Rute, und elektronischen Apparaturen oder Computern und ihren Programmen arbeiten. Durch das große und sich ständig weiterentwickelnde Angebot an Herstellern und Behandlungsvarianten ist es nicht möglich, das Gebiet dieser Energie- oder Informationstherapie vollständig und lückenlos zu beschreiben. Es sollte in der Praxis je nach Angebot des Therapeuten ausgewählt werden.

Anwendung der Bioresonanztherapie

Mit diesen Verfahren ist es möglich, Medikamente, Krankheitsursachen und Therapieblockaden auszutesten, entweder direkt am Pferd oder mittels einer Probe auch aus der Entfernung. Diese Verfahren sind im Allgemeinen noch nicht sehr bekannt und haben von Seiten der Schulmedizin viele Gegner, da sie wissenschaftlich umstritten sind.

Die **Einsatzmöglichkeiten** können aber sehr vielfältig sein und reichen von Akuterkrankungen wie Verletzungen, Bewegungs-

Tipp

Eine **Kombination** mit der Heilpflanzenkunde oder der Homöopathie ist sinnvoll zur Ausleitung von Stoffwechselprodukten und Anregung der Entgiftungsmechanismen.

störungen, Koliken bis zu chronischen Erkrankungen, Stoffwechselerkrankungen, Pilzerkrankungen und Allergien.

Bei Interesse an dieser oft erfolgreichen Behandlungsmethode ist es sinnvoll, sich einen Therapeuten zu suchen und sich im Einzelfall beraten zu lassen.

Kräuterheilkunde

Die **Phytotherapie** oder Kräuterheilkunde behandelt Erkrankungen oder auch Befindensstörungen mit ganzen Heilpflanzen, Teilen der Pflanzen oder auch deren Zubereitungen. Diese Heilmethode hat eine sehr lange Tradition, nicht nur im Bereich der Behandlung der Menschen, sondern auch ihrer Haustiere. Archäologische Funde aus der prähistorischen Zeit beweisen, dass der Mensch die Pflanzen nicht nur als Nahrung oder Baumaterial, sondern auch als Heilmittel einsetzte. Durch Beobachtung, Erfahrung und Weitergabe dieses Wissens von der Urzeit bis heute baute sich ein umfassendes Therapiesystem auf, das auch die Grundlage vieler Arzneistoffe bildet.

Die **Anwendung beim Tier** beruht, wie auch in anderen Heilverfahren, auf den Erfahrungen beim Menschen. Die Anwendungen von Pflanzen können **innerlich** wie **äußerlich** geschehen, frisch oder getrocknet, in Form von Pulvern, Pillen, Salben, Tinkturen oder wässrigen Abkochungen, Säften oder ätherischen Ölen. Im Bereich der **Ergänzungsfuttermittel** spielen gerade heute bei der Pferdefütterung die Heilkräuter eine wichtige Rolle, denn Stoffwechsel, Darmfunktion, Immunsystem und Alterungsprozess lassen sich mit ihnen positiv beeinflussen.

Anwendung der Kräuterheilkunde

Die **Auswahl** der Heilkräuter passiert im Idealfall durch das Pferd selber, das auf der Weide oder beim Spaziergang die Möglichkeit hat, sich aus einem möglichst breiten Angebot aus Pflanzen die richtigen auszusuchen. Da dies oft nicht mehr der Fall ist und die Weiden wie auch das Futter nicht mehr so naturnah sind, wie wir es uns wünschen würden, können wir als Pferdhalter unsere Tiere mit Heilkräutern in der unterschiedlichsten Verabreichung versorgen. In Abhängigkeit von der Erkrankung oder Stoffwechselschwäche des Pferdes kann man mithilfe eines Therapeuten oder auch eigener Kenntnis die passenden und heilenden Kräuter auswählen. Es kann jedoch eine Zeit dauern, bis sich ihre Wirkung zeigt, also haben Sie Geduld. Die empfohlene **Dosis** ist für jede Heilpflanze in einem speziellen Fachbuch nachzulesen, ihre Angabe würde den Rahmen dieses Buches als Einführung in die Naturheilverfahren sprengen. Dabei ist aber generell zu beachten, dass jedes Pferd ein individuelles Lebewesen ist, was seine eigene Dosierung braucht und nicht verallgemeinert behandelt werden kann. Eine genaue Beobachtung des Tieres und Austestung der Menge und Verabreichungsform ist daher auch hier nötig.

In der **Praxis** hat sich die Verwendung von frischen und getrockneten Heilpflanzen oder als Aufguss oder Tee mit dem Kraftfutter bewährt. Im Einzelfall kann man sicher auch einen Aufguss mit einer Spritze direkt ins Maul geben, wenn das Pferd nicht frisst oder man lokal die Schleimhaut im Maul behandeln möchte. Verwendet man **frische Kräuter**, so ist es bei manchen besser, sie vorher anzuquetschen, da sie dem Pferd sonst unangenehm erscheinen. Hierzu zählen Brennnesseln, Disteln, Klette oder Beinwell.

Durch die Herstellung eines **Tees** oder **Aufgusses** erhöht man die Verfügbarkeit der Inhaltsstoffe. Die Anwendung ist hier möglich über das Futter, über das Tränkwasser oder mit einer Spritze direkt ins Maul, aber auch äußerlich als Waschung, Umschlag oder Kompresse. Manche Pflanzenteile wie Wurzeln, Rinde oder Samen werden nicht wie die

Kräuter nur überbrüht, sondern aufgekocht. Die Flüssigkeit kann dann mit den Pflanzenteilen ins Futter gegeben werden. Auch die normalen Haushaltstees können natürlich nicht nur dem Pferdehalter, sondern auch seinem Vierbeiner gut bekommen. Ein Blutreinigungstee, Erkältungstee oder Magentee ist schnell zur Hand und ohne Aufwand auch dem Pferd zuzubereiten.

Achtung

Bei direkter Gabe eines Tees beziehungsweise Aufgusses oder der Tränkung von Umschlägen auf die Temperatur achten!

Eine höhere Wirkstoffkonzentration haben die **Tinkturen**, Extrakte und Konzentrate aus Heilpflanzen, die es in der Apotheke zu kaufen gibt und die man dem Pferd mit etwas Brot oder im Futter geben kann.

Kompressen oder Umschläge bestehen aus einem Polstermaterial, das mit dem heißen Tee getränkt wird (Vorsicht: nicht zu heiß machen!) und einer Bandage zum Befestigen. Mit einem Stück Plastik ist die Polsterung abzudecken, damit die Feuchtigkeit nicht entweicht. Bei einer **Packung** wird die Pflanze verwendet, also das frische oder auch getrocknete Kraut. Die frischen Pflanzen werden zu Brei gequetscht, getrocknete Pflanzen mit einem Träger wie Heilerde oder Weizenkleie sowie heißem Wasser oder Obstessig zu einem Brei verarbeitet, der dann mit einem Verband aufgetragen wird. Handelsübliche oder selbst hergestellte **Salben** mit Heilkräutern runden die Auswahlmöglichkeiten ab. Hier sind Zusätze wie Bienenwachs, Honig, den verschiedenen ebenfalls heilkräftigen Pflanzenölen oder auch homöopathischen Mitteln möglich und ihre Vielfalt ist sehr groß.

Vorsicht

Homöopathie und Kräuterheilkunde vertragen sich nicht immer miteinander und ihr gleichzeitiger Einsatz ist mit einem Therapeuten abzusprechen!

Krankheiten und ihre Behandlung

Die verschiedenen Erkrankungen des Pferdes in den unterschiedlichen Altersstufen und Nutzungsformen können in leichten Fällen vom Pferdehalter selbst und in schwereren Fällen von einem Therapeuten behandelt werden. Neben dem Erkennen des gesundheitlichen Problems ist die Kenntnis der unterschiedlichen Behandlungsmöglichkeiten von Vorteil. Viele Naturheilverfahren können miteinander und mit der Schulmedizin kombiniert werden und ergänzen sich sinnvoll. Die Kombination der verschiedenen Verfahren und Mittel ist genau zu planen und mit einem Therapeuten abzuklären.

Auge

Die Augen des Pferdes sind durch ihre hervorstehende und seitliche Anordnung für Verletzungen besonders anfällig. Jede Augenerkrankung kann sich auf die Sehfähigkeit auswirken und soll daher sofort und sehr sorgfältig behandelt werden. Das **gesunde Auge** weist auf beiden Seiten die gleiche Größe auf, es ist klar und lebhaft und schließt sich bei Annäherung mit dem Finger sofort. Bei einer **Erkrankung** fallen vermehrter Tränenfluss, eine Trübung der Hornhaut, sichtbare Blutgefäße im Weißen des Auges oder Veränderungen in der Pupille auf.

Allgemeine Behandlungsmöglichkeiten

Die **Magnetfeldtherapie** ist bei allen Erkrankungen der Augen empfehlenswert, da sie die Heilung und die Wirkung anderer Therapiearten unterstützt. Sie hilft sowohl bei den Schmerzen einer akuten Verletzung und wird in diesem Fall mehrmals täglich eingesetzt als auch bei chronischen Erkrankungen, die über einen längeren Zeitraum alle zwei bis drei Tage behandelt werden. Mithilfe der **Bioresonanztherapie** wird nicht nur die Ausheilung der Augenverletzung gefördert, sondern es besteht bei den Erkrankungen mit einer Belastung oder Allergie auch die Möglichkeit der Analyse und Folgebehandlung.

In der **Kräuterheilkunde** steht der Augentrost zur Behandlung aller Erkrankungen im Augenbereich an erster Stelle und kann als Tee innerlich gegeben werden oder auch für Umschläge verwendet werden. Augentrost kann auch mit Fenchel, Linden- und Holunderblüten, Salbei, Schafgarbe oder Eibisch gemischt und als Tee mit dem Futter gegeben werden. Nach der Entfernung eines Fremdkörpers kann Ringelblume und Johanniskraut als Umschlag die Schmerzen lindern.

Achtung

Keine Kamille **im Auge** selbst einsetzen. Sie kann zu einer Reizung, Allergie oder Austrocknung des Auges führen!

Es gibt auch Wundsalben, die Ringelblume, Johanniskraut oder Arnika enthalten, und vorsichtig im Bereich um die Augen aufgetragen werden können, nicht zu nah an die Augen oder in die Augen. Buchweizen in der Kraftfutterration empfiehlt sich als reinigende Diät zur Stärkung und Ausheilung der kleinen Blutgefässe.

Im Bereich der **Akupressur** kann mit dem Punkt Leber 3 behandelt werden. Er lindert die Bindehautreaktion des Auges und beruhigt. Der Punkt Gallenblase 20 klärt die Augen und wird bei chronisch wiederkehrenden Bindehautentzündung mit Leber 3 kombiniert. Die Punkte Blase 1 und Magen 1 liegen direkt am Auge und sind die Anfangspunkte des Blasen- und Magenmeridians. Der Punkt Blase 1 liegt am inneren Augenwinkel und der Punkt Magen 1 liegt in der Mitte unterhalb des unteren Augenlides. Beide Punkte reduzieren den Tränenfluss und können zur unterstützenden Behandlung von Bindehautentzündungen eingesetzt werden.

Wunden im Bereich der Augen

Verletzungen der Augen, der Lider und der Umgebung der Augen sind durch Äste und Dornen, durch Fremdkörper wie auch durch Unfälle möglich.

Krankheitsbild

Meist ist die Augenumgebung verletzt, seltener das Auge selbst verletzt, und die Wunde fällt durch Blutung und Schwellung auf. Besteht die Verletzung schon länger, hat sich das Pferd möglicherweise daran gescheuert und die Wunde ist größer geworden, verschmutzt und verkrustet. Ist aber das Auge selbst verletzt, tränt es und die Oberfläche der Hornhaut erscheint hügelig und trüber als normal.

Selbstmaßnahmen

Man holt das Pferd möglichst in den Stall und schützt die Verletzung im Augenbereich so gut es geht vor Fliegen, Sonne und Wind und Verschmutzung. Hier sind speziell für Pferde entwickelte Fliegenschutz-Masken praktisch und man kann den Bereich der Augen zusätzlich mit einem Stück dunklen Stoff abdecken. Bei Juckreiz und Gefahr, dass sich das Pferd an seiner Verletzung scheuert, ist es möglicherweise anzubinden. Bei schweren Verletzungen dürfen die herabhängenden Lidteile nicht entfernt werden, sondern sollen vorsichtig abgedeckt werden bis der Tierarzt zur Stelle ist!

Homöopathie:

- Augentropfen: Oculoheel-Augentropfen für Tiere (Heel) in Form von Phiolen (eine Gabe Augentropfen ist einzeln abgepackt), EuphraVet-Augentropfen (PlantaVet), auch möglich ist die Verwendung von Traumeel-Ampullen ad us. vet. (Heel) oder Arnica S-logoplex (Ziegler) als Augentropfen (Kochsalzlösung). Glasampullen sorgfältig öffnen und den Inhalt mit einer feinen (sterilen) Nadel aufziehen, dann mit der sterilen Plastikspritze ohne Nadel die Tropfen geben.

Achtung

Vorsicht bei der Verwendung von Glasampullen wegen möglicher Splitter.

- Innerlich: Keratisal-Tropfen (WeraVet), Traumeel ad us. vet. (Heel), Traumisal (Biokanol) oder Arnica S-logoplex (Ziegler), bei Verletzungen im Bereich der Knochen in der Augenumgebung auch Symphytum-Injeel (Heel) dazu geben.

Schüßler Salze: Ferrum phosphoricum (3) und Kalium chloratum (4) bei akuter Entzündung; Natrium sulfuricum (10) und Calcium sulfuricum (12) bei eitriger Entzündung.
Bach-Blüten: Die Notfalltropfen können sofort gegeben werden, denn jede Verletzung bedeutet Stress, der die Heilung verlangsamen kann. Die Einzelblüte Cherry Plum (6) beruhigt und entkrampft. Sie lässt das Pferd eher einen Verband oder eine Augenabdeckung erdulden. Rescue-Cream, die Bach-Blüten der Notfall-Mischung in Salbenform enthält, kann man äußerlich um die Augen anwenden, nicht in die Augen einbringen!
Kräuterheilkunde: Leichte Verletzungen und Schwellungen im Bereich um die Augen können durch kühlende Umschläge mit Kamille, Ringelblume, Arnika oder Augentrost behandelt werden. Die Zugabe von Beinwell fördert die Ausheilung von Verletzungen der knöchernen Strukturen im Augenbereich. Ringelblumensalbe oder eine pflanzliche Wundheilsalbe aus der Apotheke decken kleine Verletzungen ab und fördern die Heilung.

Wann zum Therapeuten?

Eine Augenverletzung ist ein Notfall! Bei schweren Verletzungen der Augenumgebung oder des Auges selbst muss möglichst schnell ein Tierarzt gerufen werden! Kleine und leichte Verletzungen um die Augen, die nicht das Auge selbst betreffen, können selbst behandelt werden.

Bindehautentzündung

Die häufigste Erkrankung am Pferdeauge ist die Lidbindehautentzündung oder Konjunktivitis. Die Bindehaut ist die Schleimhaut, die die Innenseite der Augenlider auskleidet. Durch eine starke Reizung mit Staub oder Zugluft, durch eine Verletzung oder im

Rahmen einer Infektionskrankheit kommt es zur Entzündung und zum Tränen des Auges. Eine Allergie oder der Mangel an Tränenflüssigkeit kann auch die Ursache sein. Entzündliche Prozesse in anderen Augenbereichen können auf die Bindehaut übergreifen und eine Entzündung hervorrufen.

Krankheitsbild

Die Bindehäute sind rot, geschwollen und manchmal juckend. Durch die Entzündung schwillt das Lid an. Das Pferd ist lichtscheu, im Augenbereich sehr schmerzempfindlich und wärmer als im normalen Zustand. Durch die Entzündung tränen die betroffenen Augen und die Tränenflüssigkeit ist je nach Entzündungsstadium klar bis schleimig oder verfärbt. Möglicherweise wird die Entzündung eitrig, das Pferd bekommt Fieber und wirkt abgeschlagen.

Selbstmaßnahmen

Das Pferd sollte aufgestallt und baldmöglichst behandelt werden. Keine antibiotika- oder kortisonhaltigen Salben zum Einbringen ins Auge nehmen! Keine trockene Reinigung des Auges, immer mit feuchtem und körperwarmem Material!

Homöopathie:

- **Augentropfen**: Oculoheel-Augentropfen für Tiere (Heel), Conjunctisan (VitOrgan) und andere Augentropfen wie sie bei Wunden im Bereich der Augen angegeben sind.
- **Äußerlich**: Lauwarme Umschläge mit Arnica, Calendula und Euphrasia (einige Tropfen der Tinktur in ein Glas Wasser).
- **Innerlich**: Als Kombinationsmittel Oculoheel-Tabletten (Heel), Traumeel ad us. vet. (Heel), Traumisal (Biokanol), Alleosal (Biokanol), Keratisal (Biokanol) oder Mercurius-Heel (Heel), als Einzelmittel im Anfang der Entzündung Aconitum in mittlerer Potenz oder als Aconitum-Injeel (Heel), Euphrasia in Tiefpotenz, Apis D3 oder D4 bei Allergie und Schwellung, Belladonna in D4, D6 oder als Belladonna-Homaccord (Heel) bei Schmerzen und Rötung, außerdem begleitend zur Kräftigung des Immunsystems und Ausheilung Engystol ad us. vet. (Heel) bei viraler Infektion und Echinacea compositum ad us. vet. (Heel) bei bakterieller Infektion, begleitet von Mucosa compositum ad us. vet. (Heel) zur Regeneration der Schleimhäute.

Schüßler Salze: Ferrum phosphoricum (3), Kalium chloratum (4), Kalium sulfuricum (6), Natrium phosphoricum (9) und Calcium sulfuricum (12).

Kräuterheilkunde: Arnika, Augentrost, Eibisch, Eisenkraut, Frauenmantel, Kamille, Lindenblüten, Holunderblüten, Schafgarbe, Salbei für Umschläge (Tinktur oder Aufguss) und auch als Tee dem Kraftfutter beigegeben.

Wann zum Therapeuten?

Bei schweren Entzündungen und wenn die Eigenbehandlung innerhalb einiger Tage keine Verbesserung bringt, sollte ein Therapeut hinzugezogen werden. Die Entzündung kann chronisch werden und dann Komplikationen verursachen. Da eine Bindehautentzündung auch zusammen mit Infektionskrankheiten auftreten kann, ist der Allgemeinzustand des Pferdes zu überprüfen.

Vorbeugung

Im Sommerhalbjahr ist der Insektenschutz für viele Pferde besonders im Augenbereich sehr wichtig. Hier helfen vor allem Fliegenschutzmasken und Einreiben mit Fliegenschutzmitteln. Ein sauberer und luftiger Stall, gutes Futter und bewässerte Reithallen oder Ausläufe reduzieren den Staub in der Luft und damit die Reizung der Augen.

Achtung
Fliegenschutzmittel nicht in die Augen sprühen, im Kopfbereich sind Lotionen praktischer und sicherer.

Hornhautentzündung
Durch Verletzungen der Hornhaut oder infolge einer Bindehautentzündung oder Infektion kann eine Entzündung der Hornhaut entstehen, bei der ähnliche Symptome wie bei der Bindehautentzündung auftreten. Da die Hornhaut sich nur langsam erneuert, ist die Heilung langwierig und es bleiben oft Trübungen zurück, die das Sehvermögen beeinträchtigen. Verletzungen der Hornhaut werden in oberflächliche Verletzungen mit Abschürfungen oder feinen Rissen im Epithel und in tiefe Verletzungen mit starken Symptomen und Trübung des Auges unterteilt. Die Heilung ist bei beiden Formen möglich, es besteht aber die Gefahr einer Infektion und der Bildung von Narbengewebe.

Krankheitsbild
Die Krankheitszeichen sind ähnlich wie bei der Bindehautentzündung. Es fallen verstärkter Tränenfluss, Lichtscheue und Blinzeln, vermehrte Durchblutung der Bindehaut und möglicherweise trüb gefärbte Bereiche der Hornhaut auf.

Selbstmaßnahmen
Das Pferd sollte aufgestallt werden, das heißt licht- und lärmgeschützter Stall ohne Staubbelastung und Fliegen, wo Sie die Möglichkeit der Kontrolle und Versorgung des Pferdes haben.

Homöopathie:
- **Augentropfen**: Oculoheel-Augentropfen für Tiere (Heel), Conjunctisan (VitOrgan) und andere wie bei Wunden im Bereich der Augen angegeben sind.
- **Innerlich**: Keratisal (Biokanol), Traumeel ad us. vet. (Heel), Mucosa compositum ad us. vet. (Heel) und Mercurius-Heel (Heel) und Einzelmittel wie bei der Konjunktivitis angegeben.

Schüßler Salze: Calcium fluoratum (1), Ferrum phosphoricum (3), Kalium chloratum (4), Kalium phosphoricum (5), Natrium chloratum (8) und Silicea (11).

Kräuterheilkunde: Augentrost, Eisenkraut, Kamille oder Arnika als Umschlag (Tinktur oder Aufguss) oder als Tee über das Futter.

Wann zum Therapeuten?
Nur leichte Entzündungen oder auch leichte Hornhautverletzungen können selbst behandelt werden. Im Zweifelsfall und bei schweren Entzündungen muss ein Tierarzt das Auge untersuchen und man kann in Absprache mit den verschiedenen Naturheilverfahren begleitend behandeln.

Vorbeugung
Jede Verletzung der Hornhaut und Entzündung des Auges kann bei einer falschen oder fehlenden Behandlung zur Entzündung der Hornhaut führen. Die beste Vorbeugung besteht also in einer gründlichen Kontrolle und Behandlung von Augenerkrankungen und Augenverletzungen.

Periodische Augenentzündung
Die auch als Mondblindheit bezeichnete Erkrankung ist eine sehr bekannte und gefürchtete Augenerkrankung der mittleren Augenhaut. Sie wird auch als equine rezidivierende Uveitis (ERU) bezeichnet und ist als ein Hauptmangel definiert. Die Ursachen sind sehr vielfältig und bis heute nicht vollständig aufgeklärt. Die Ursache scheint aber eine Allgemeininfektion mit verschiedenen Bakterien zu sein, unter anderem durch Leptospiren. Es kommt zu einer Empfindlichkeit der inneren Organe des Auges und einer allergischen Reaktion. Die Entzündung befällt besonders jüngere Pferde im Alter von drei bis sieben Jahren. Der Begriff Mondblindheit beschreibt

die wiederholten Schübe der Erkrankung, die in gewisser Regelmäßigkeit auftreten.

Krankheitsbild

Neben einer starken Entzündung der Bindehaut, Tränenfluss und Lichtscheuheit zeigt sich die Pupille stark verengt. Die Hornhaut trübt ein und es finden sich weißliche Gerinnsel in der vorderen Augenkammer. Oft ist nur ein Auge erkrankt, später kann auch das andere Auge betroffen sein. Nach etwa zwei Wochen klingt die Entzündung ab, die Anfälle kehren aber immer wieder und dadurch kommt zu bleibenden Schäden am Auge und in der Folge zur Erblindung.

Selbstmaßnahmen

Homöopathie:

- **Augentropfen**: Oculoheel-Augentropfen für Tiere (Heel), EuphraVet-Augentropfen (PlantaVet), Conjunctisan (VitOrgan) und andere wie bei Wunden im Bereich der Augen angegeben.
- **Innerlich**: Als Kombinationsmittel Oculoheel (Heel) als Augenmittel, Traumeel ad us.vet. (Heel) gegen die Entzündung allgemein, Belladonna-Homaccord ad us. vet. (Heel) gegen die Entzündung, als Einzelmittel die tieferen Potenzen von Aconitum und Belladonna am Anfang der Erkrankung, Euphrasia, Conium, Graphites oder anderen Einzelmitteln, die am besten von einem Therapeuten ausgewählt werden.
  Engystol ad us. vet. (Heel) und Echinacea compositum ad us. vet. (Heel) zur allgemeinen Stärkung des Immunsystems und eine Zusatztherapie mit Organpräparaten, die je nach Verfügbarkeit vom Therapeuten ausgesucht werden können.
  Coenzyme compositum ad us. vet. (Heel) und Ubichinon compositum (Heel) für den allgemeinen Stoffwechsel.

Schüßler Salze: Ferrum phosphoricum (3), Kalium phosphoricum (5), Natrium chloratum (8) und Silicea (11).
Bach-Blüten: Chesnut Bud (7) ist hier wichtig, die „Lernblüte“ für Pferde, die immer die gleichen Fehler machen. Diese Pferde neigen zu Mondblindheit, zu wiederholten Koliken oder Reheschüben, also zu immer wiederkehrenden Erkrankungen. Zur Stärkung des Immunsystems können Sie auch Larch (19) und Crab apple (10) geben. Die Bach-Blüte White chestnut (35) kann für Tiere, die sich nicht entspannen und ebenso zu immer wiederkehrenden Erkrankungen neigen, gut sein.
Akupressur: Zur Stärkung des Immunsystems kann der Punkt Lunge 7 akupressiert werden, außerdem die Punkte Gallenblase 20 und Leber 3.
Kräuterheilkunde: Augenkompressen mit Augentrost und Ringelblume sowie warme Umschläge mit Johanniskraut-Lösung, am besten mehrmals täglich für eine halbe Stunde auflegen, können zur Beruhigung der Entzündung beitragen.

Wann zum Therapeuten?

Bei dieser Erkrankung ist der Tierarzt zu rufen! Ein Behandlungserfolg ist, wenn überhaupt, nur im Anfang der Erkrankung möglich. Während des Entzündungsschubs auf jeden Fall Stallruhe und Vermeiden von hellem Licht, auch Abdecken des Augenbereichs durch eine Maske. Eine naturheilkundliche Behandlung begleitet die Therapie des Tierarztes und ist besonders auf die Stärkung des Immunsystems ausgerichtet. Eine Behandlung mit Bioresonanztherapie kann besonders bei der Mondblindheit sehr hilfreich sein, wenn es möglich ist, eine weitere Steigerung der Empfindlichkeit zu verhindern.

Vorbeugung

Eine vorbeugende Behandlung ist hier besonders wegen der vielen infrage kommenden

Auslöser und Ursachen sehr schwierig. Gute Haltungsbedingungen, Bekämpfung von Insekten und Nagetieren (Mäuse und Ratten, da Überträger der Erreger!) im Stallbereich, von Innen- und Außenparasiten sowie die Stärkung der körpereigenen Abwehr sind die wichtigsten Vorbeugemaßnahmen. Beim Kauf eines Pferdes sollte besonderes Augenmerk auf die Untersuchung der Augen gelegt werden! In der Zucht sollen Pferde, besonders Hengste, mit Periodischer Augenentzündung und grauem Star ausgeschlossen werden.

Tipp

Hauptmängel muss der Verkäufer eines Pferdes dem Käufer mitteilen. Die Krankheiten Rotz, Dummkoller, Dämpfigkeit, Kehlkopfpfeifen, Periodische Augenentzündung und Koppen gehören dazu.

Besonderheit des Pferdeauges

Reiter und Pferdehalter wundern sich manchmal über die Reaktionen und die Schreckhaftigkeit ihres Pferdes, aber Pferde haben ein anderes **Sehvermögen** als wir und reagieren entsprechend anders. Die Augen des Pferdes sitzen seitlich am Kopf, dadurch können sie beträgt das Gesichtsfeld fast 360 Grad. Sie können also auch beinahe das sehen, was sich hinter ihnen befindet – kleine Kopfbewegungen reichen aus, dass Pferde beim Grasen alles um sich herum beobachten können. Das Pferdeauge kann nicht so gut scharf stellen wie das menschliche Auge und das Pferd gleicht dies mit Kopfbewegungen aus. Es ist deshalb wichtig, dem Pferd genügend Spielraum für diese Beweglichkeit zu geben, es nicht zu kurz anzubinden oder festzuhalten, um es nicht in Panik zu versetzen.
Das Pferd ist ein **Fluchttier**, daher ist es sehr wichtig, Bewegungen und vermeintliche Feinde gut wahrzunehmen. Aber auch Pferde können kurz- oder weitsichtig sein wie wir Menschen oder ein eingeschränktes Gesichtsfeld haben. Das **Farbsehen** der Pferde ist auch ein anderes als das des Menschen, die Angaben hierzu sind jedoch sehr unterschiedlich.

Maulhöhle und Zähne

Die Maulhöhle stellt den Beginn des Verdauungssystems der Pferde da. Hier wird das Futter aufgenommen, zerkleinert, eingespeichelt und geschluckt. Verletzungen und Entzündungen haben in diesem Bereich Auswirkungen auf den restlichen **Verdauungstrakt** (**Kolikgefahr**, wenn Futteraufnahme längere Zeit ausbleibt!) und auf den gesamten **Stoffwechsel**. Sie sind deshalb rasch und sorgfältig zu behandeln.

Schwere Erkrankungen im Bereich der Maulhöhle verändern auffällig das Fressverhalten und können eigentlich nicht leicht übersehen werden. Leichte Erkrankungen dagegen verlaufen äußerlich oft unerkannt. Deshalb sollte eine regelmäßige Inspektion des Mauls erfolgen, um Erkrankungen früh erkennen und behandeln zu können. Dadurch gewöhnen Sie Ihr Pferd gleichzeitig an die ihm vielleicht recht unangenehm erscheinende Untersuchung des Mauls, was wiederum spätere Besuche eines Tierarztes oder Pferdezahnarztes und seine Behandlung der Zähne vereinfacht. Die Schleimhaut im Maul soll gleichmäßig rosa und feucht glänzend erscheinen, die Zähne ihrem Alter und Abnutzungsgrad entsprechend. Der Geruch aus dem Maul sollte nicht auffallend verändert sein, denn Eiterungen und Geschwüre machen sich auch auf diesem Weg bemerkbar! In den Zeiten des **Zahnwechsels** wie auch im **hohen Alter** sind besondere Sorgfalt bei der Beobachtung des Zahnwachstums und der Veränderung im Gebiss gefordert. Es kann sich auch sichtbarer Zahnstein bilden, Zähne können brechen oder der Halteapparat des Zahns kann sich entzünden. **Gebissfehler** wie Karpfen- oder Hechtgebiss führen ebenso zu Problemen bei der Nahrungsaufnahme wie ein Kopper- oder Wetzergebiss, bei dem die Zähne durch ständige Abnützung krankhaft abgerieben werden.

Allgemeine Behandlungsmöglichkeiten

Die **Magnetfeldtherapie** wie auch die **Bioresonanztherapie** unterstützen den Heilungsverlauf aller Entzündungen und Erkrankungen im Bereich der Maulhöhle und können mit allen anderen Behandlungsformen kombiniert werden.

Aus dem Bereich der **Akupressur** sind die Punkte Magen 36 und Lunge 7 zur Stärkung des Immunsystems bei bestehenden Entzündungen und Erkrankungen zu empfehlen.

Allgemeine Vorbeugung

Bestes Futter, regelmäßige Kontrolle des Mauls und der Zähne sowie Untersuchung des Kotes auf unverdaute Futterbestandteile beugen den Erkrankungen in diesem Bereich vor. Zudem ermöglicht dies eine unverzügliche Behandlung, wenn eine Störung gefunden wurde.

Besonders bei jungen und auch bei älteren Pferden ist eine regelmäßige Zahnkontrolle und Zahnbehandlung durch einen Spezialisten einzuplanen.

Entzündungen in der Maulhöhle

Eine Entzündung der Schleimhaut des Maules, eine Zahnfleischentzündung, Lippenentzündung, Zungenentzündung oder auch Entzündung des Gaumens sind hier möglich. Die Ursache einer Erkrankung kann in festsitzenden Fremdkörpern oder Futterteilen liegen. Sie kann aber ebenso aufgrund vorliegender Zahnanomalien, durch verschimmeltes Futter oder giftige Substanzen hervorgerufen werden. Oft ruft Zahnstein eine Entzündung der Schleimhaut hervor. Eine Zahnerkrankung oder Infektionskrankheiten der Maulhöhle oder Allgemeinerkrankungen können ebenfalls Auslöser sein.

Krankheitsbild

Auffallend sind vermehrter Speichelfluss, behinderte Futteraufnahme, sichtbare Veränderungen der Schleimhaut und übler Geruch aus dem Maul.

Auch die Zunge kann durch eine Verletzung und Infektion entzündet sein und große Beschwerden verursachen. Bei Reitpferden sollte zudem immer an ein falsch angepasstes oder fehlerhaftes Gebiss, zu harte Handhabung beim Reiten oder im Umgang gedacht werden.

Selbstmaßnahmen

Als erstes gilt es die Ursache der Erkrankung abzustellen, wobei festgestellt werden muss, ob gleichzeitig eine Allgemeininfektion vorliegt, die behandelt werden muss.

In der Zeit bis zur Heilung muss auf besonders gutes Futter geachtet werden, das möglichst weich sein soll, also frisches Gras oder weiches Silo beziehungsweise Heucobs und angefeuchtetes Kraftfutter (mit Tee übergossen) oder Mash.

Homöopathie: Traumeel ad us. vet. (Heel), Traumisal (Biokanol), Arnica S-logoplex (Ziegler), Apis comp. PLV (PlantaVet), Mercurius-Heel (Heel), Alleosal (Biokanol) oder ReVet RV 24 (Reckeweg) gegen die Entzündung, Mucosa compositum ad us. vet. (Heel) zur Stabilisierung und Regeneration der Schleimhaut und Echinacea compositum ad us. vet. (Heel) zur Steigerung der Abwehrkräfte.

Schüßler Salze: Ferrum phosphoricum (3), Kalium chloratum (4), Kalium phosphoricum (5), Natrium chloratum (8) und Calcium sulfuricum (12).

Bach-Blüten: Bei Zahnstein können Sie die Bach-Blüte Crab apple (10) einsetzen und bei dem Zahnwechsel junger Pferde Walnut (33) geben.

Kräuterheilkunde: Kamille, Frauenmantel, Eisenkraut, Arnika, Myrrhe, Odermennig, Blutwurz oder Salbei sind als Tee oder als Tinktur sehr zu empfehlen. Der Tee kann mit dem Futter verabreicht werden oder mit einer Spritze ins Maul gegeben werden.

Sie können auch frische Himbeerblätter verfüttern oder einen Aufguss daraus bereiten und ihn über das Futter geben. Auch Algen wie die Chlorella sind in vielen Zusatzfuttermitteln enthalten und unterstützen die Ausheilung der Entzündung.

Extra-Tipp

Kolloidales Silberwasser wirkt wie ein natürliches Antibiotikum, ist ungiftig und kann natürlich auch abgeschluckt werden, wo es dann noch zusätzlich stärkend auf das Abwehrsystem wirkt. Sie können es mit einer Spritze dem Pferd ins Maul geben oder das Zahnfleisch damit abtupfen. Einige Milliliter können ferner dem Tränkwasser und dem Futter zugesetzt werden. Auch Traumeel ad us. vet. (Heel) in Ampullenform können Sie gut zur Spülung und Behandlung der Entzündung im Maulbereich verwenden.

Wann zum Therapeuten?

Wenn sich die Beschwerden nach einigen Tagen nicht verbessern und die Ursache für die Entzündung nicht offensichtlich ist. Auch bei gestörtem Allgemeinbefinden rufen Sie einen Therapeuten, der das Pferd untersucht und behandelt.

Entzündung von Kiefer- und Stirnhöhle

Durch Entzündung der Atemwege und der Zähne kann es zu Katarrhen sowie zu Vereiterung der Schleimhäute der Kiefer- und Stirnhöhle kommen. In der Regel heilen diese Entzündungen komplikationslos wieder mit ab, wenn die ursächliche Erkrankung abheilt. Die Kehlgangslymphknoten schwellen etwas an. Wird die Entzündung verschleppt, kann sie auf die Stirnhöhle übergreifen und Probleme verursachen, da die Hirnhäute nun entzündlich gereizt werden.

Krankheitsbild

Es stellen sich Nasen- und Tränenfluss ein, später verändert sich der erkrankte Knochenbereich durch die massive Vereiterung. Das Allgemeinbefinden ist gestört und das Pferd kann fiebern.

Sind Zahnkrankheiten die Ursache, zeigen die Pferde Kaubeschwerden und es kann der typische unangenehme Geruch nach Zahneiter auffallen.

Selbstmaßnahmen

Die Fütterung der erkrankten Tiere soll auf dem Boden geschehen, um den Abfluss der Sekrete zu erleichtern und zu fördern. Wichtig ist absolute Sauberkeit der Krippe und Tränken!

Homöopathie: Viruvetsan (DHU), Traumeel ad us. vet. (Heel), Euphorbium compositum ad us. vet. (Heel) oder ReVet RV 3a (Reckeweg) zur Behandlung der Entzündung, Echinacea compositum ad us. vet. (Heel) und Ubichinon compositum (Heel) zur Stärkung des Immunsystems und Mucosa compositum ad us. vet. (Heel) mit Lymphomyosot (Heel) zur Unterstützung der Ausheilung der Schleimhaut.

Schüßler Salze: Ferrum phosphoricum (3), Kalium chloratum (4), Natrium chloratum (8), Natrium sulfuricum (10) und Calcium sulfuricum (12).

Akupressur: Der Punkt Dickdarm 4 ist nicht nur ein Schmerzpunkt, sondern er hat eine sehr starke Wirkung auf den gesamten Kopfbereich. Er hilft bei Erkältungen, bei Kehlkopfreizungen und Entzündungen der Kiefer- und Stirnhöhlen.

Kräuterheilkunde: Mit dem Kraftfutter können Sie Sonnenhut, Kamille, Pfefferminze, Myrthe und Thymian als Tee, Tinktur, Tropfen oder auch als Kräuter geben.

Das Inhalieren mit ätherischen Ölen wie Eukalyptusöl, Lavendelöl oder mit einem Aufguss von Pfefferminz, Myrthe oder Thymian kann sehr wirkungsvoll sein.

Wann zum Therapeuten?

Bei dieser Erkrankung sollte ein Therapeut hinzugezogen werden, um dieses komplexe Krankheitsbild zu untersuchen (Röntgenuntersuchung) und zu behandeln. Eine naturheilkundliche Behandlung in Absprache ist dann sehr empfehlenswert, vor allem auch in der Nachbehandlung der Erkrankung.

Vorbeugung

Bei den ersten Symptomen einer Erkrankung der Atemwege oder der Zähne, einer Erkältung oder bei Problemen mit dem Fressen sollte das Pferd von einem Therapeuten untersucht werden, um ein Übergreifen der Erkrankung auf die Kiefer- und Stirnhöhlen zu vermeiden. Die chronische Form dieser Entzündung ist recht schwer zu therapieren!

Atemwege

Über die Nüstern, die Nasenhöhle, den Kehlkopf, die Luftröhre und Bronchien kommt die Atemluft in die Lungebläschen, die Alveolen. Dort findet der Gasaustausch statt. Die Innenauskleidung des Atemsystems besteht aus Schleimhaut mit kleinen Flimmerhaaren, die der Reinigung der Atemluft dienen. Erkrankungen der Atmung sind neben Koliken beim Pferd die häufigsten inneren Krankheiten. Die Lunge als zentrales Atmungsorgan lebt von der Bewegung des Pferdes und steht damit in engstem Zusammenhang mit der Haltungsform des Tieres. Bei diesen Krankheiten muss besonders bei auftretender Atemnot das Herz mit untersucht und behandelt werden.

Allgemeine Behandlungsmöglichkeiten

Alle Erkrankungen im Bereich der Atemwege können mit einer **Magnetfeldtherapie** unterstützend behandelt werden. Durch die allgemeine Stabilisierung der Abwehrkräfte und des Stoffwechsels ist die Ausheilung der Erkrankung gefördert.

Mithilfe der **Bioresonanztherapie** kann sowohl die Entzündung als auch möglicherweise bestehende Allergien und Schwächen im Stoffwechsel individuell ausgetestet werden. Dadurch können die Ursachen der Erkrankung herausgefunden werden und das Pferd wird dementsprechend behandelt. Die **Homöopathie** hat eine Vielzahl von Kombinationsmitteln zur Therapie von Atemwegserkrankungen, die im Folgenden aufgeführt werden. Wichtig ist eine parallel laufende Entgiftung des Stoffwechsels über Leber, Niere oder Lymphe.

Bach-Blüten: Mit der Blüte Crab apple (10) kann man empfindliche Tiere vorbeugend stärken und sie damit vor einer Infektion mit Atemwegserregern schützen.

Akupressur: Die Punkte Dickdarm 4 und Gallenblase 20 leiten Wind aus und helfen bei den ersten Krankheitszeichen. Die Punkte Niere 3, Lunge 7 und Magen 36 stärken das Immunsystem. Der Yin-Yang-Ausgleich beugt den Erkrankungen vor, indem er die Körperhälften des Pferdes in Harmonie bringt.

Kräuterheilkunde: Mit dem Kraftfutter können Sie Knoblauch (frisch oder als Fertigprodukt aus dem Handel), Sonnenhut, Andorn, Anis, Augentrost, Eibisch, Goldrute, Huflattich, Isländisch Moos, Schlüsselblume, Süßholz oder auch fertige Hustentee-Mischungen aus der Apotheke geben, handelsübliches Kräuterfutter für Pferde gibt es eine Vielzahl, Chlorella (Mikroalge) oder Hagebutten wirken zusätzlich unterstützend auf die Heilung.

Das Inhalieren mit ätherischen Ölen wie Eukalyptusöl, Teebaumöl oder Lavendelöl beziehungsweise mit Salzwasser ist sehr zu empfehlen, da die Wirkstoffe ohne Umwege die Atemwegsorgane und die Entzündung erreichen.

Extra-Tipp

Ein Schuss Obstessig, einige Milliliter Kolloidales Silberwasser oder auch Propolis im Futter stärken das **Immunsystem** zusätzlich.

Honig ist auch eine wunderbare Medizin, besonders in der Kombination mit Fenchel als Fenchelhonig oder mit Zwiebeln als Zwiebel-Honig-Sud. Er kann direkt im Hustentee aufgelöst werden (nicht in den kochend heißen Tee!) und auch mit ins Futter gegeben werden. Lachsöl als Futterzusatz stärkt das Immunsystem und die Atemwege, Schwarzkümmelöl wirkt schleimlösend.

Das Decoctum (Abkochung) aus **Coffea tosta** in den Präparaten Coffea praeparata

(Coffea praeparata von PlantaVet oder von Dr. Schaette) ist eine Kaffee-Spezialzubereitung und regt Herz und Kreislauf an. Es ist eine empfehlenswerte Begleittherapie bei diesen Erkrankungen.

Allgemeine Vorbeugung

Das Atemsystem und seine Gesunderhaltung sind abhängig von der Haltung und Nutzung des Pferdes. Die beste Vorbeugung gegen eine Erkrankung sind ein stabiles Immunsystem, viel frische Luft, viel Bewegung und eine dem Pferd angepasste Anforderung beim Reiten oder Fahren. Bei einer beginnenden Erkrankung der Atemwege muss direkt sorgfältig behandelt werden, da die Gefahr groß ist, dass die Krankheit verschleppt und chronisch wird.

Nasenbluten

Durch Verletzungen, übergroße Anstrengung, Fremdkörper und Geschwülste in der Nase, Allergien oder eine Veränderung des Blutbildes kann es zu Nasenbluten kommen.

Krankheitsbild

Das Blut läuft aus einer oder aus beiden Nüstern. Die Blutung kann so schwach sein, dass die Schleimhaut nur verfärbt ist, es kann aus den Nüstern tröpfeln oder auch richtig fließen. Das Blut kann aus den Nasennebenhöhlen, der Luftröhre, den Bronchien oder dem Luftsack stammen. Es variiert in der Farbe und dem Aussehen, blutet nur kurz oder hört gar nicht mehr auf.

Selbstmaßnahmen

Homöopathie: Nasenbluten durch Blutungsneigung: Cinnamomum-Homaccord (Heel),
Nasenbluten bei Erschöpfung und Infektionskrankheiten: Phosphor-Homaccord ad us. vet. (Heel). Einzelmittel bei Nasenbluten: Hamamelis und Ferrum phosphoricum (in Tiefpotenzen). Verletzungen im Nasenbereich: Traumeel ad us. vet. (Heel) und Mucosa compositum ad us. vet. (Heel).
Schüßler Salze: Calcium phosphoricum (2), Kalium phosphoricum (5), Magnesium phosphoricum (7), Natrium chloratum (8) und Natrium sulfuricum (10).
Bach-Blüten: Notfalltropfen sind sicher hilfreich und können Mensch und Tier in dieser Notsituation helfen und beruhigen.
Kräuterheilkunde: Schafgarbe und Hirtentäschel können als Tee oder getrocknetes Kraut einige Tage zusätzlich mit dem Kraftfutter gegeben werden. Buchweizen stärkt das Gefäßsystem und kann auch mit dem Futter verabreicht werden.

Wann zum Therapeuten?

Bei starkem, wiederholtem und lang anhaltendem Nasenbluten muss der **Tierarzt** gerufen werden! Eine leichte Verfärbung der Nasenschleimhaut oder eine kleine Verletzung im Nüsternbereich kann erstmal vom Pferdehalter beobachtet werden und heilt in der Regel alleine aus. Die **Ursache** einer stärkeren und längeren Blutung muss jedoch abgeklärt werden. Ein **Blutverlust** von mehr als zehn Litern ist bei einem Pferd von etwa 500 kg Gewicht und 40 bis 50 l Blut in seinen Adern **lebensgefährlich**. Nach ein bis zwei Litern ist der Tierarzt zu rufen, besonders wenn die Blutmenge nicht geringer wird. Stellen Sie ein Gefäß unter die Nase, damit die Menge des Blutverlustes abzuschätzen ist.

Nasenkatarrh

Eine Rhinitis oder Entzündung der Nasenschleimhaut tritt meist zusammen mit Erkrankungen der Atemwege auf oder wird durch Fremdkörper und Staub hervorgerufen. Die Ursache kann auch in einer Allergie auf Heustaub oder Schimmelpilzsporen bestehen. Leichte Fälle durch eine örtliche Reizung heilen meist ohne Probleme aus, sind aber auch ein möglicher Hinweis auf eine Infektion oder eine Allergie.

Krankheitsbild
Diese Entzündung äußert sich mit Nasenausfluss (wässrig, schleimig, eitrig) aus beiden oder nur einer Nüster. Die Nasenschleimhaut ist geschwollen und gerötet. Bei einem Fremdkörper kann der Nasenausfluss auch blutig sein. Die Nasenlöcher können im Verlauf der Erkrankung verkrusten und die Atmung wird geräuschvoll bis erschwert. Bei einer Infektion ist das Allgemeinbefinden gestört und es können Fieber und Fressunlust auffallen. Möglicherweise tritt parallel eine Bindehautentzündung des Auges auf oder eine Verlegung des Tränennasenkanals.

Selbstmaßnahmen
Die möglichen Ursachen der Erkrankung sollten ermittelt und abgestellt werden beziehungsweise das Grundleiden zuerst behandelt werden. Die verklebten Nüstern reinigt man mit verdünnter Calendulalösung oder Ringelblumentee.

Homöopathie: Viruvetsan (DHU), Echinacea compositum ad us. vet. (Heel), Euphorbium compositum ad us. vet. (Heel) oder Belladonna-Homaccord ad us. vet. (Heel), Alleosal (Biokanol) oder ReVet RV 3a (Reckeweg) gegen die Entzündung, begleitend dazu Mucosa compositum ad us. vet. (Heel), Coenzyme compositum ad us. vet. (Heel) und Ubichinon compositum (Heel), gegen eine mögliche Virusinfektion als Ursache Engystol ad us. vet. (Heel), auch möglich sind Mercurius-Heel (Heel) oder das Einzelmittel Allium cepa in einer D2 oder D4 als ein mildes Anfangsmittel, Euphrasia in D2 bei gleichzeitiger Erkrankung der Augen, Pulsatilla in D4 bei schleimigem, gelbgrünen Ausfluss, Hepar sulfuris in D6 bei eitrigem Ausfluss und viele andere mehr (die Auswahl unter den Einzelmitteln sollte ein **Therapeut** übernehmen, da jede Krankheitsform ein anderes Einzelmittel oder eine andere Kombination braucht).

Schüßler Salze:
- Im **akuten** Stadium: Ferrum phosphoricum (3), bei trockener Rhinitis: Kalium chloratum (4), Kalium sulfuricum (6), Natrium chloratum (8) und Calcium sulfuricum (12), bei wässriger Rhinitis: Kalium chloratum (4), Kalium phosphoricum (5) und Natrium chloratum (8).
- Bei **chronisch-eitriger** Rhinitis: Kalium chloratum (4), Kalium phosphoricum (5), Kalium sulfuricum (6) und Calcium sulfuricum (12).

Kräuterheilkunde: Inhalation mit Salzwasser (Emser Sole), ätherischen Ölen, Kamille oder Thymian ist sehr zu empfehlen. Im Anschluss daran können Sie eine milde Salbe mit Eukalyptus oder Majoran in die Nüstern reiben. Heilkräuter wie Anis, Fenchel, Kamille, Pfefferminze, Bibernelle, Salbei als Tee über das Kraftfutter geben oder spezielles Kräuterfuttermittel als Kur füttern.

Extra-Tipp

Ozonisiertes Olivenöl kann lokal aufgetragen werden! Eine Behandlung mit Rotlicht oder UV-Bestrahlung kann die Heilung wesentlich unterstützen!

Wann zum Therapeuten?
Wenn das Allgemeinbefinden stark gestört und die Atmung erschwert ist sowie bei länger anhaltendem Nasenausfluss muss ein Therapeut hinzugezogen werden.

Kehlkopfpfeifen
Dieser Hauptmangel entsteht durch eine Lähmung von Nerven im Kehlkopfbereich und chronisch-entzündliche Veränderungen, die die Funktion der Stimmbänder beeinträchtigen. Diese führen zu einer Degeneration der Bänder. Im Allgemeinen gilt diese Krankheit als nicht zu behandeln.

Krankheitsbild

Beim Kehlkopfpfeifen verengt sich der Atemweg. Bei Belastung entsteht dadurch Atemnot und das typische Pfeifgeräusch. Im Trab und besonders im Galopp ist ein pfeifendes, röchelndes, keuchendes oder auch grunzendes Geräusch zu hören. Je höher die Geschwindigkeit ist und je länger die Belastung dauert, desto lauter wird dieses Geräusch. Oft ist für das Pferd auch das Zusammenspiel von Atmung und Bewegung erschwert. Die betroffenen Pferde wiehern oft leise und etwas heiser, sich verschlucken sich öfter als gesunde Pferde und husten eher. Die Erkrankung tritt vor allem bei großen Pferden auf und ist erblich.

Selbstmaßnahmen

Homöopathie: Die Einzelmittel Lathyrus sativus, Gelsemium, Causticum oder Plumbum metallicum (Tiefpotenz bis mittlere Potenz) oder das Kombinationsmittel Traumeel ad us. vet. (Heel) bei einer Verletzungsursache. Infrage kann auch Phosphor-Homaccord (Heel) oder ReVet RV3c (Reckweg) kommen oder das Mittel Larynx/Levisticum comp. PLV (PlantaVet) als Spezialmittel zur Behandlung des Kehlkopfpfeifens mit den entsprechenden Organpräparaten.
Schüßler Salze: Ferrum phosphoricum (3), Kalium phosphoricum (5), Magnesium phosphoricum (7), Natrium chloratum (8) und Silicea (11).
Akupressur: Der Punkt Dickdarm 11 ist bei Kehlkopfpfeifen wichtig. Er liegt in Höhe des Ellenbogengelenkes, und kann im Rahmen einer Akupunktur- oder Akupressurbehandlung mitbehandelt werden. Auch die Punkte Dünndarm 1 und Dünndarm 3, beide liegen am Vorderbein in Höhe des Kronrandes beziehungsweise des Fesselgelenkes, sind bei Erkrankungen des Kehlkopfes möglicherweise hilfreich.
Kräuterheilkunde: Kurmäßig kann dem Pferd für zwei bis drei Wochen eine Mischung von Kräutern zur Behandlung von Atemwegserkrankungen gefüttert werden. Hier greifen Sie am besten auf die handelsüblichen Futtermittel und Ergänzungsfuttermittel zurück, von denen es eine Vielzahl im Handel zu kaufen gibt.

Wann zum Therapeuten?

Zur Abklärung der Diagnose ist ein Tierarzt zu rufen! Die Behandlung des Kehlkopfpfeifens ist nur mit einer Operation möglich, aber nur dann nötig, wenn das Pferd in seiner Leistungsfähigkeit gemindert ist. Behandelt man alternativ mit Naturheilverfahren, so ist die Auswahl des passenden homöopathischen Mittels am besten mit Unterstützung eines erfahrenen Therapeuten zu treffen.

Vorbeugung

Vor dem **Kauf** eines Pferdes sollten Sie ein besonderes Augenmerk auf mögliches Kehlkopfpfeifen richten und das Tier intensiv bewegen, um ein bestehendes Leiden hörbar zu machen. Erkrankte Tiere sind aus der Zucht zu nehmen beziehungsweise beim Kauf oder eigener Zuchtplanung ist besonders auf die Vererber zu achten!

Bronchitis

Eine Bronchitis ist eine Entzündung der Bronchien, eine Makrobronchitis, die oft absteigt und dann die Bronchioli, die feineren Verzweigungen der Bronchien, erreicht. Damit besteht eine Mikrobronchitis oder Bronchiolitis genannt, wie beispielsweise bei der sogenannten COPD. Bei einer Bronchitis bildet sich ein zäher Schleim auf den Flimmerhärchen, die Bronchien schwellen an und die Atmung wird erschwert. Die Entzündung des Bronchialsystems tritt selten alleine auf, meist mit einer Entzündung der oberen Atemwege oder der Lunge. Sie gehört zum Symptombild verschiedener Atemwegserkrankungen durch Viren. Bakterielle Infektionen können folgen und die Krankheit verschlimmern. Eine Allergie oder Herzinsuffiziens kann ebenfalls zu einer Bronchitis führen. Auch eine mechanische Schädigung oder die Inhalation von schädlichen Gasen, Futterteile, Medikamente, Fremdkörper oder Parasiten lösen möglicherweise die Bronchitis aus. Aus einer akuten Bronchitis kann sich eine chronische Form entwickeln oder auch eine spastische Form. Dies wird begünstigt durch eine unvollständige Abheilung der Entzündung oder dadurch, dass das Pferd ständig den krankheitserregenden Reizen ausgesetzt ist. Dies ist besonders bei Allergien und Erkrankungen des Herzens der Fall. Eine chronische Bronchitis zeigt sich nach einer scheinbaren Besserung mit wieder auftretendem Husten, der nur am Morgen oder am Anfang der Bewegung zu hören ist.

Die Sonderform **COPD** als chronisch-obstruktive Bronchiolitis mit möglicherweise **allergischem Ursprung** wird oft auch als **COB** bezeichnet, als chronisch-obstruktive Bronchiolitis. Die Obstruktion bezeichnet die Verstopfung der Bronchioli, die in Verbindung mit einer Verkrampfung der Bronchialmuskulatur die hervorstechende **Atemnot** hervorruft.

Krankheitsbild

Am Anfang der Erkrankung ist ein trockener und schmerzhafter Husten zu hören. Später tritt schleimiger Nasenausfluss und feuchter Husten mit Auswurf auf. Eine Bronchiolitis erzeugt oft nur ein kraftloses Hüsteln. Je nachdem, wie schwer die Erkrankung wird und welche Erreger beteiligt sind, kommt es zu Fieber und gestörtem Allgemeinbefinden. Die Atemfrequenz erhöht sich etwas und es kommt zu Atemnot, wenn viel Sekret die Bronchien zusetzt oder die Mikrobronchien erkrankt sind.

Selbstmaßnahmen

An oberster Stelle bei der Behandlung stehen die Optimierung der Haltung und Fütterung und besonders die Vermeidung von Staub und allergischen Stoffen in der Atemluft des Tieres. Gönnen Sie ihrem Pferd eine Erholungspause, Aufenthalt auf der Weide, Spazierengehen. Die Behandlung einer akuten Bronchitis ist in Absprache mit einem **Therapeuten** durchzuführen.

Homöopathische Medikamente: Die Kombinationsmittel Engystol ad us. vet. (Heel), Viruvetsan (DHU), Broncho-logoplex (Ziegler), Bronchvetsan (DHU), Bronchialis-Heel (Heel), Tartephedreel (Heel), Husteel-Tropfen (Heel), Cosmochema Hustentropfen (Cosmochema) oder ReVet RV 3a (Reckeweg) kommen infrage.

Als Zusatztherapie Lymphomyosot (Heel) zum Entgiften und Mucosa compositum ad us. vet. (Heel) zur Regeneration der Schleimhaut.

Schüßler Salze: Ferrum phosphoricum (3) als Anfangsmittel, dann dazu Kalium chloratum (4) und Calcium sulfuricum (12),

Bach-Blüten: Bei Müdigkeit und Abgeschlagenheit helfen die Blüten Hornbeam (17) und Olive (23).

Akupressur: Hier können die Punkte Milz-Pankreas 6, Lunge 7 und Magen 36 behandelt werden. Auch der Yin-Yang-Ausgleich kann wirkungsvoll sein.

Kräuterheilkunde: Anis, Efeu, Fenchel, Huflattich, Königskerze, Kapuzinerkresse, Lungenkraut, Spitzwegerich, Malve und andere Heilpflanzen wie bei den allgemeinen Behandlungsmöglichkeiten erwähnt. Es gibt auf dem Markt eine Vielzahl von fertigen Futterzusätzen, die zugefüttert werden können, wenn Sie keine Möglichkeit haben, sich selbst seine Mischung an Heilkräutern zu sammeln und zu füttern. Die Inhalation mit ätherischen Ölen oder auch mit Salzwasser, mit Kamillenaufguss oder Thymian ist sehr gut. Besonders wirksam sind Inhalationen mit Inhalaten einer sehr geringen Tröpfchengröße, wie mit Ultraschall-Verneblern, da dann die kleinsten Bronchioli erreicht werden.

Extra-Tipp

Zu empfehlen sind hier ganz besonders feucht-kalte Prießnitz-Umschläge mit einer Temperatur von etwa 15 bis 29 Grad, Senfbrustwickel, Lehmwickel oder Umschläge mit warmer Heilerde oder mit Huflattichtinktur. Auch Heublumen-Auflagen sind hilfreich!

Wann zum Therapeuten?

Wenn sich die Symptome der Bronchitis nicht innerhalb weniger Tage bessern, ist ein Therapeut zur Untersuchung und Auswahl der passenden Medikamente unerlässlich! Bei falscher oder unzureichender Behandlung drohen bleibende Schäden! Eine schwere oder chronische Bronchitis ist mit Unterstützung eines Therapeuten zu behandeln!

Lungenentzündung

Die Lungenentzündung ist besonders bei Züchtern gefürchtet, denn außerordentlich gefährdet sind Fohlen. Bei neugeborenen **Fohlen** ist der Verlauf hochakut und meist mit einer Blutvergiftung verbunden. Eine Pneumonie oder Lungenentzündung entsteht oft infolge einer Bronchitis oder einer anderen Infektionskrankheit. Die Infektion wird durch Bakterien, Viren, Pilze oder Parasiten hervorgerufen. Mögliche Ursachen sind aber auch Allergien oder Allgemeinerkrankungen.

Krankheitsbild

Es zeigen sich Atemnot mit Atemgeräuschen, Nasenausfluss, Fieber und schlechtes Allgemeinbefinden des Tieres. Der Husten wechselt in seiner Qualität und in seiner Stärke. Er ist meist kraftlos und feucht. Die Symptome sind also ähnlich wie bei der Bronchitis, nur heftiger.

Selbstmaßnahmen

Homöopathie: Als Kombinationsmittel sind möglich Viruvetsan (DHU), Belladonna-Homaccord ad us. vet. (Heel), Febrisal (Biokanol), Strumisal (Biokanol), Lachesis S-logoplex (Ziegler) oder Pyrogenium compositum inject (Dr. Schaette), als Einzelmittel kommen Aconitum als Anfangsmittel in einer D4 oder D6, dann Belladonna in einer D4 oder D6, Bryonia oder Tartarus stibiatus in D6 infrage, doch hier ist die Auswahl des Einzelmittels oder der Kombination besser durch einen **Therapeuten** zu treffen, das Mittel Coffea als D6 oder D12 oder als Coffea praeparata inject (Schaette) dient der Kreislauf-Unterstützung, Echinacea in D2 oder Echinacea compositum ad us. vet. (Heel) der Steigerung der Abwehrkräfte. Begleitend muss eine Ausleitungstherapie über Darm, Nieren oder Haut laufen. Hier bieten sich Kombinationpräparate wie Solidago compositum ad us. vet. (Heel), Hepar compositum (Heel) oder andere an.

Schüßler Salze: Ferrum phosphoricum (3) als Anfangs- und Fiebermittel, dann Kalium chloratum (4), Kalium phosphoricum (5), Kalium sulfuricum (6), Natrium chloratum (8) und Silicea (11).

Kräuterheilkunde: Hier wird unter den Heilpflanzen, die auch bei der Bronchitis angegeben sind, ausgewählt und ein Tee zubereitet, der mit dem Kraftfutter gegeben werden kann.

Die Inhalation mit ätherischen Ölen zur Verflüssigung der Sekrete, mit Eukalyptus, Fenchel, Wacholder, Kiefer und Fichte, Thymian beziehungsweise mit fertigen Kombinationspräparaten aus der Apotheke oder vom Therapeuten ist sehr empfehlenswert.

Extra-Tipp

Die Heilung wird unterstützt durch Prießnitz-Umschläge, Senfbrustwickel, Heusack-Auflagen oder Heilerde-Packungen.

Achtung

Unbedingt ein geeignetes Ausleitungsverfahren in die Therapie eingliedern und das Herz-Kreislaufsystem im Auge behalten.

Wann zum Therapeuten?

Bei einem Verdacht auf Lungenentzündung sollte ein **Tierarzt** gerufen werden! Eine naturheilkundliche Therapie kann unterstützend begleitend durchgeführt und die Ausheilung nach der Akutphase gefördert werden. Beginnen Sie die Behandlung aber so schnell wie möglich, um die Infektion und ihre Ausbreitung zu begrenzen. Das Pferd muss ruhig gestellt werden, die Haltung optimiert, besonders hinsichtlich staub- und zugfreier Unterbringung.

Lungenemphysem

Das Lungenemphysem ist eine **unwiderrufliche**, unheilbare Vergrößerung des Luftraums durch die Zerstörung der Lungebläschen.

Der volkstümliche Begriff der „**Dämpfigkeit**“ beschreibt dagegen den Zustand der **Atemnot** mit der typischen Bauchmuskelbeteiligung beim Ausatmen und der Ausbildung der „Dampfrinne“. Die „Dämpfigkeit“ als Symptom kann also heilbar oder unheilbar sein.

Die chronisch-obstruktive Bronchitis oder **COB** ist ein Hauptmangel und hat das Symptom der „Dämpfigkeit“, genau wie auch das Lungenemphysem. Das Pferd mit COB reagiert aber auf eine Umstellung der Haltung und Fütterung, wenn die Allergie-Auslöser reduziert werden oder ganz wegfallen, und wird wieder gesund. Bessert sich der Gesundheitszustand des Pferdes nicht bei Umstellung der Haltung, liegt ein Lungenemphysem vor. Die Atemnot bleibt also bestehen, Husten ist selten oder fehlt. Dieser Zustand kann nicht behandelt werden. Das Emphysem entsteht aus einer chronischen Bronchiolitis oder einer COB.

Krankheitsbild

Der Verlauf der Krankheit ist schleichend. Die Atmung ist erschwert, das Pferd ist schnell ermüdet und zeigt nur noch geringe Leistung. Das Pferd schwitzt auffallend und beruhigt seine Atmung nur verzögert, wenn man eine Pause macht. Später hat es selbst in der Ruhe eine hochgradige Atemnot und es bildet sich die schon oben beschriebene „Dampfrinne“ aus, da sich die Bauchmuskulatur seitlich am Unterbauch vergrößert. Der Husten ist besonders bei Beginn der Bewegung und am Morgen zu hören, der Auswurf dabei unterschiedlich. Die Krankheit wird in vier Schweregrade unterteilt, die von leichten Symptomen bis zu schwersten Veränderungen reichen.

Selbstmaßnahmen

Man stellt das Pferd ruhig, das heißt keine Leistungsanforderungen mehr und optimale Haltung, möglichst Offenstall und Weidegang. Das Futter soll umgestellt werden auf Pellets oder Heucobs und das Heu muss angefeuchtet oder gewässert werden. Die Futterration soll auf viele kleine Rationen verteilt werden und die Box mit einem staubfreien Material eingestreut werden. Hochwertiges, staubarmes Stroh dient der Beschäftigung und als Bestandteil der Futterration.

Ist eine **Allergie** der Auslöser der Erkrankung, verbessert sich der Zustand des Pferdes und es kann noch ein Leben als Gesellschaftspferd oder bei leichtester Belastung führen.

Homöopathie: Bronchovetsan (DHU), Broncho-logoplex (Ziegler) oder ReVet RV 3c (Reckeweg) zur Stärkung der Atemwege, Cactus compositum ad us. vet. (Heel) oder Crataegus (DHU) zur Kreislauf-Unterstützung, Mucosa compositum ad us. vet. (Heel) zum Schleimhaut- Aufbau, Pulmo/Stibium comp. PLV (PlantaVet) speziell zur Behandlung des Emphysems (kombiniert aus zwei homöopathischen Mitteln und einem Organpräparat) sowie homöopathische Einzelmittel nach Auswahl eines Therapeuten.

Schüßler Salze: Calcium fluoratum (1), Ferrum phosphoricum (3), Kalium chloratum (4), Kalium phosphoricum (5), Natrium sulfuricum (10) und Silicea (11).

Bach-Blüten: Die Blüten Centaury (4) und Chesnut bud (7) können unterstützend wirken.
Akupressur: Hier kann über die Behandlung der Punkte Lunge 7, Magen 36, Milz-Pankreas 6 und Milz-Pankreas 21 versucht werden, die Beschwerden zu lindern.
Kräuterheilkunde: Geben Sie Bockshornkleesamen oder Voralberger Hustenpulver, Schweizer Kräuter Fit (Dr. Schaette), Leinsamen und Schwarzkümmelöl zum Futter. Ebenfalls denkbar sind Tee oder Heilpflanzenmischung aus Ackerstiefmütterchen, Alant, Anis, Beinwell, Breitwegerich, Eibisch, Fenchel, Huflattich, Kapuzinerkresse, Kiefer, Knoblauch, Kümmel, Isländisches Moos, Schlüsselblume, Thymian oder Veilchenwurzel.
Extra-Tipp: Hier helfen besonders Abwaschungen und Packungen im Rückenbereich. Die erkrankten Pferde sind in einen optimalen, aber eher mageren Ernährungszustand zu bringen.

Der Zusatz von Obstessig zum Tränkwasser oder über das Futter (etwa einen viertel Liter Essig auf einen Eimer Wasser oder eine halbe Tasse auf das Futter).

Wann zum Therapeuten?

Ein **Therapeut** muss das Pferd gründlich untersuchen und mit dem Pferdehalter die weitere Behandlung absprechen.

Brustfellentzündung

Im Rahmen einer Lungenentzündung oder Infektionskrankheit kann die Entzündung auch auf das Brustfell übergreifen. Eine Brustfellentzündung kann trocken, fibrinös sein oder mit einem Erguss einhergehen. Eine eigenständige Brustfellentzündung tritt eher selten auf, am ehesten als Folge einer Verletzung der Brustwand.

Krankheitsbild

Im akuten Fall treten Fieber, Mattigkeit, oberflächliche Atmung oder Bauchatmung auf. Der Husten ist schmerzhaft, möglicherweise kommt es auch zu kolikähnlichen Anfällen.

Selbstmaßnahmen

Homöopathie: Möglich sind die Kombinationsmittel Viruvetsan (DHU), Gripp-Heel (Heel), Bryaconeel (Heel), Pyrogenium compositum inject (Dr. Schaette) oder Engystol ad us. vet. (Heel) oder die Einzelmittel Belladonna D12, Bryonia D6 und Cantharis D6 oder D12, Apis in D4 infrage, auch Lachesis D8 bei Fieber und Abgeschlagenheit. Diese Einzelmittel sollen mit einem Therapeuten besprochen und ausgewählt werden.

Zusatztherapie: Echinacea compositum ad us. vet. (Heel), Coenzyme compositum ad us. vet. (Heel) und Ubichinon compositum (Heel) zur Stärkung des Immunsystems und Stoffwechsels und das Mittel Nux vomica-logoplex (Ziegler) zur Entgiftung über die Leber.
Schüßler Salze: Ferrum phosphoricum (3), Kalium chloratum (4), Kalium phosphoricum (5), Natrium sulfuricum (8) und Natrium phosphoricum (9).
Kräuterheilkunde: Hier können Sie die Kräuter einsetzen, die bei der Bronchitis und Lungenentzündung angegeben sind.

Extra-Tipp

Wirkungsvoll sind warme Wickel um die Brust, da sie die Durchblutung in diesem Bereich anregen und die Heilung fördern. Neben Senfmehlumschlägen oder Heublumenpackungen sind dem Fall besonders Quarkpackungen gut!

Wann zum Therapeuten?

Bei einer Brustfellentzündung sollte immer ein **Therapeut** gerufen werden und eine naturheilkundliche Begleittherapie mit ihm abgesprochen werden.

Druse

Hier haben wir keine spezielle Atemwegserkrankung, sondern eine allgemeine akute Infektionskrankheit mit Bakterien des oberen Atmungsapparates. Sie ist gekennzeichnet durch eine katarrhalisch-eitrige Entzündung der Lymphknoten im Kopfbereich und der Tendenz zur Bildung von Abszessen. Problematisch ist die Druse durch ihre extrem große Ansteckungsgefahr, nicht nur von Pferd zu Pferd, sondern auch über andere Überträger, und die Verschleppung der Keime in andere Körperregionen. **Fohlen** unter drei Monaten sind besonders gefährdet und lebensbedrohlich erkrankt, wenn sie Druse bekommen! Die Druse gilt als „Kinderkrankheit" der Pferde, kann natürlich auch bei älteren Pferden auftreten.

Krankheitsbild

Durch die Anschwellung der Lymphknoten und die entstehende Schmerzhaftigkeit bekommt das Pferd zunehmend Probleme mit dem Fressen und Atmen. Es steht daher oft mit gestrecktem Kopf und es kommt zu beidseitigem, schleimig-eitrigem Nasenausfluss. Durch das hohe und anhaltende Fieber wird der Drusepatient zunehmend matter. Es kann später außerdem zu eitrigem Augenausfluss, zu Speichelfluss und auch Husten kommen. Die Lymphknoten im Unterkieferbereich vereitern und können nach außen oder nach innen in den Luftsack aufbrechen.

Selbstmaßnahmen

Das Tier hat **absolute Stallruhe** und muss besonders sorgfältig und gut gefüttert werden. Betroffene Pferde müssen von gesunden getrennt werden. Stellt man das erkrankte Pferd nicht absolut ruhig, besteht die Gefahr einer Bakteriämie, die Bakterien gehen ins Blut über, und einer Keimverteilung. Dadurch bilden sich Metastasen in verschiedenen Lymphknoten, die die Situation und Therapie komplizieren.

Aufgrund der Probleme der Futteraufnahme durch die Schwellungen im Kehlbereich soll das Futter feucht und weich sein, also Mash, Heucobs, weiches Heu und Ähnliches.

Der Druseabszess soll in seiner Reifung gefördert werden, wobei es vermieden werden muss, dass sich Metastasen bilden! Der Abszess ist mit Wärme zu behandeln, also durchblutungsfördernde Salben (Campher/Ichtyolsalbe), Heilerde, Kartoffelbrei- oder Heilpflanzen-Umschläge und dickem Verband.

Achtung

Ausreichende lange Ausheilungs- und Erholungszeit einhalten! Erst nach einer Woche ohne Fieber darf das Pferd wieder auf die Weide!

Homöopathie: Als Kombinationsmittel kommen unter anderem Viruvetsan (DHU), Lachesis compositum (Heel), Pyrogenium compositum inject (Dr. Schaette), Mercurius-Heel (Heel), Staphylosal (Biokanol) oder Apis comp. PLV (PlantaVet) gegen die Entzündung infrage.

Als Zusatztherapie zum Entgiften dienen Rumisal (Biokanol) oder Nux vomica-logoplex (Ziegler). Als Einzelmittel kommen infrage: Hepar sulfuris in einer tiefen Potenz als wichtiges Drusemittel, Phytolacca in D6 oder D12 als Drüsenmittel und China in einer D4 oder D6 in der Erholungsphase nach überstandener Erkrankung.

Schüßler Salze: Ferrum phosphoricum (3), Kalium chloratum (4), Kalium phosphoricum (5), Natrium sulfuricum (8), Natrium phosphoricum (9), Silicea (11) und Calcium sulfuricum (12).

Kräuterheilkunde: Sie können Malve, Kamille oder Sonnenhut als Tee über das Futter geben oder als Kräuter zu den Umschlägen geben, die man im Kehlbereich anbringt.

Füttern Sie Kräuterfuttermittel aus dem Handel besonders in der Erholungszeit danach für einige Zeit mit.

Wann zum Therapeuten?
Bei Druse sollte man immer den Tierarzt rufen und dann in Absprache mit ihm naturheilkundlich begleitend und in der Ausheilungszeit behandeln.

Vorbeugung
Bei einer Druseerkrankung in einem Pferdebestand ist es schwierig, das einzelne Tier vor einer Ansteckung zu schützen. Eine Ansteckungsgefahr ist besonders auf Turnieren, Transporten oder in Umstellungszeiten sehr groß. Wichtig zur Vorbeugung gegen eine Erkrankung ist die Stärkung der Abwehrkräfte, Optimierung der Haltung und die Vermeidung von unnötigem Stress. Eine Impfung gegen Druse oder eine Durchseuchung sowie die Behandlung mit Antibiotika sind umstritten und im Einzelfall durch die Therapeuten mit zu entscheiden

Tipp
Besteht die Gefahr einer Druseinfektion, kann man das Immunsystem des Pferdes durch die Gabe von Engystol ad us. vet. (Heel) oder Viruvetsan (DHU) stärken.

Luftsackerkrankung
Der Luftsack ist eine anatomische Eigentümlichkeit der Pferde und kann nach Katarrhen der oberen Luftwege oder nach Druse erkranken. Die Schleimhaut, die den Luftsack auskleidet, entzündet sich in einem akuten oder chronischen Verlauf und im Luftsack sammeln sich die Entzündungsprodukte an. Selten sind Fremdkörper wie Futterteile die Ursache dieser Entzündung. Im Verlauf einer **Druse** kann auch der Luftsack miterkranken.

Krankheitsbild
Es zeigt sich einseitiger und meist eitriger Ausfluss aus der Nase, der sich schubweise bei gesenktem Kopf oder Druck auf den Luftsack entleert. Im Bereich der Ganasche oder der Kehle wölbt sich der entzündete und schmerzhafte Luftsack vor. Atmung und Futteraufnahme sind oft erschwert und das Allgemeinbefinden gestört. Die gestreckte Kopfhaltung fällt besonders auf.

Selbstmaßnahmen
Zur Erleichterung des Abflusses der Sekrete soll vom **Boden** getränkt und gefüttert werden!
Homöopathie: Die Kombinationsmittel Viruvetsan (DHU), Staphylosal (Biokanol) oder Euphorbium compositum ad us. vet. (Heel) kommen in Betracht, als Einzelmittel auch Aconitum oder Belladonna in einer tiefen Potenz im Anfangsstadium, dann Hepar sulfuris in einer tiefen Potenz zur Reifung der Eiterung oder Hydrastis D6 bei einem Katarrh. Zur Ausheilung zusätzlich Mucosa compositum ad us. vet. (Heel) und Echinacea compositum ad us. vet.(Heel) geben.
Schüßler Salze: Kalium chloratum (4), Kalium phosphoricum (5), Natrium sulfuricum (8) und Natrium phosphoricum (9).
Kräuterheilkunde: Da auch hier wärmende und durchblutungsfördernde Umschläge angesagt sind, kann man der feuchtwarmen Auflage verschiedene Heilkräuter wie Kamille, Ringelblume oder Arnika zusetzen. Ebenso sind Umschläge aus Kartoffelbrei, Leinsamen oder Heilerde, natürlich auch durchblutungsfördernde Salben sinnvoll.

Wann zum Therapeuten?
Bei einer Luftsackerkrankung sollte ein Therapeut gerufen werden. Sie können mit der Naturheilkunde begleitend behandeln und eine Nachbehandlung durchführen.

Vorbeugung
Beim Auftreten von Entzündungen des Kehlkopfes, eines Nasenkatarrhs, einer Druse oder bei Virusinfektionen ist besonders Augenmerk auf eine mögliche Mit- oder Folgeerkrankung der Luftsäcke zu richten.

Herz und Kreislauf

Das Herz- und Kreislaufsystem hat die Aufgabe, das mit Sauerstoff angereicherte Blut aus der Lunge über die linke Herzkammer und das arterielle Blutgefäßsystem im Körper zu verteilen. Das venöse Blutsystem führt das mit Kohlendioxid angereicherte Blut in die rechte Herzkammer und dann wieder in die Lunge. Dort wird es erneut mit Sauerstoff versorgt.

Die Erkrankungen von Herz und Kreislauf stehen hinsichtlich ihrer Häufigkeit nach den Koliken und Atemwegserkrankungen an dritter Stelle der inneren Erkrankungen.

Die **Leistungsfähigkeit** des Pferdes hängt stark von der Gesundheit von Herz und Kreislauf ab und steht in enger Verbindung zur **Atmung**. Herzkranke Pferde haben eine auffallend schlechte Kondition. Schon bei leichter Anstrengung ist der Puls stark erhöht, beruhigt sich nur langsam wieder oder ist schon im Ruhezustand erhöht. Weitere Symptome können Ödeme oder Stauungen in den Gefäßen sein. Die wenigsten Herzfehler sind angeboren, meist entwickeln sie sich im Laufe eines Pferdelebens.

Allgemeine Behandlungsmöglichkeiten

Bei allen Herzerkrankungen kann man unterstützend **Schüßler Salze** geben: Calcium fluoratum (1), Calcium phosphoricum (2), Ferrum phosphoricum (3), Kalium phosphoricum (5), Magnesium phosphoricum (7), Natrium chloratum (8) und Silicea (11), hieraus kann eine dem Erkrankungsbild entsprechende Auswahl getroffen werden.

Eine unterstützende Behandlung mit der **Magnetfeldtherapie** ist sinnvoll. Sie fördert den Kreislauf und Stoffwechsel und stärkt die körpereigene Abwehr. Auch die **Bioresonanztherapie** kann alle Erkrankungen des Herzens positiv beeinflussen. Im Bereich der **Akupressur** gilt der Punkt Herz 9 als Notfallpunkt bei Kreislaufschwäche, Erschöpfung oder Sonnenstich. Er liegt am seitlichen Kronrand der Vorderhufe und kann in Notsituationen einige Minuten kräftig gedrückt oder massiert werden. Der Punkt Niere 3 stärkt allgemein das Immunsystem des Pferdes.

Wann allgemein zum Therapeuten?

Bei **allen Herzerkrankungen** soll der **Tierarzt grundsätzlich** gerufen werden. Eine Behandlung mit schulmedizinischen Medikamenten kann nach Absprache mit der Naturheilkunde begleitet und unterstützt werden. In erster Linie muss die **Ursache** der Erkrankung behandelt werden, gleichzeitig werden die aufgetretenen Symptome therapiert.

Allgemeine Vorbeugung

Bei schweren Erkrankungen und in besonderen Belastungssituationen auch beim gesunden Pferd soll auf die Herzfunktion geachtet werden und gegebenenfalls durch naturheilkundliche Medikamente unterstützt werden. Viel Bewegung, viel frische Luft und gute Pflege sind die beste Vorbeugung gegen Herzerkrankungen!

Herzschwäche, Herzinsuffizienz

Das Herz ist in seiner Funktion gemindert und hat geringe Kraftreserven. Die Herzschwäche kommt im Verlauf oder auch als Folge von zahlreichen Infektionskrankheiten, Stoffwechselstörungen, Vergiftungen und Erkrankungen der Atemwege auf und verschlechtert sehr das Allgemeinbefinden des Pferdes. **Chronische Formen** sind besonders im hohen Alter durch die Schädigung des Herzmuskels festzustellen.

Krankheitsbild
Eine Herzschwäche ist vor allem durch die Konditionsschwäche des Pferdes zu erkennen. Das Tier ist kurzatmig und schnell müde. Es verweigert schnelle Bewegungen und Sprünge und schwitzt sehr stark. Bei einer Entzündung des Herzens ist auch das Allgemeinbefinden gestört, die Beine können anschwellen und Ödeme an Unterbrust und Bauch entstehen.

Selbstmaßnahmen
Als begleitende Maßnahmen können Sie mit der Naturheilkunde in Absprache mit dem Therapeuten den Patienten unterstützen.
Homöopathie: Cralonin-Tropfen (Heel), Cactus compositum ad us.vet. (Heel), Crataegus S-logoplex (Ziegler), Herztropfen N (Cosmochema), Scilla comp. PLV (PlantaVet) oder ReVet RV 4 (Reckeweg). Die Einzelmittel Crataegus und Cactus ergänzen sich sehr gut und können zusammen in einer Tiefpotenz mehrmals täglich gegeben werden.
Als Zusatztherapie ist Lymphomyosot (Heel) sinnvoll. Bei fortschreitender Herzschwäche kann der Einsatz von Organpräparaten sinnvoll werden, die eine unterstützende und regenerierende Wirkung haben.

Eine **individuelle Auswahl** der Herzmittel ist mithilfe eines **Therapeuten** vorzunehmen und soll der genauen Problematik angepasst sein.
Kräuterheilkunde: Baldrian, Besenginster, Melisse, Meerzwiebel, Weißdorn als Einzelkräuter oder handelsüblicher Tee zur Herzstärkung.

Herzbeutel- oder Herzmuskelentzündung
Meist entstehen diese Entzündungen nach Infektionskrankheiten, Entzündungen benachbarter Organe oder bei Allergien. Beim Pferd kann eine Druse zu einer Entzündung des Herzens führen.

Krankheitsbild
Die Grundkrankheit überdeckt oft die Herzerkrankung. Neben erhöhter Atemfrequenz fallen Fieber, deutliche Abgeschlagenheit und Schmerzen auf.

Selbstmaßnahmen
Der Pferdehalter kann in Absprache mit dem Therapeuten die Erkrankung mit der Naturheilkunde begleitend behandeln und die Heilung unterstützen. Besonders eine ausreichend lange Ausheilungszeit und Erholungsphase einplanen!
Homöopathie: Viruvetsan (DHU) gegen die Entzündung allgemein, Cactus compositum ad us. vet. (Heel), Cralonin (Heel), Crataegus S-logoplex (Ziegler) oder Strophanthus compositum N (Heel) zur Behandlung und Stärkung des Herzens, als Zusatztherapie Echinacea compositum ad us. vet. (Heel) zur Stärkung des Immunsystems und ebenfalls Kombinationsmittel zur Unterstützung der Nierenfunktion wie Solidago compositum ad us. vet. (Heel), Berberis-Homaccord ad us. vet. (Heel), Cantharis compositum ad us. vet. (Heel).

Entzündung der Drosselvene
Durch Injektion oder Infusion kommt es auch bei korrekter Ausführung immer zu einer Verletzung und Verdickung der Venenwand, die über zwei bis drei Tage bestehen bleibt. **Komplikationen** können hier entstehen, wenn mehrere Male im selben Bereich gestochen oder nicht sauber gearbeitet wird. Dadurch entsteht eine Infektion und es bildet sich ein Thrombus.

Krankheitsbild
Der Zustand einer Entzündung der Drosselvene (Thrombophlebitis) lässt die gesamte Halsseite anschwellen, das Gewebe ist warm und schmerzhaft. Diese Entzündung kann aseptisch bleiben und nach zwei Wochen ausheilen oder in der septischen Form einen

Abszess bilden, um dann aufzubrechen und Monate zum Heilen benötigen.

Selbstmaßnahmen

Homöopathie: Zur Behandlung der Entzündung die Kombinationsmittel Traumeel ad us. vet. (Heel), Lachesis compositum N ad us. vet. (Heel), Tarantula N-logoplex (Ziegler), Belladonna-Homaccord ad us. vet. (Heel), dazu Hamamelis-Homaccord (Heel), Blutgefäß-Tropfen (Cosmochema) oder die Kombination der drei Einzelmittel Arnica, Bellis perennis und Calendula (alle D4 oder D6), das Mittel Hepar sulphuris bei beginnender Eiterung (D6 oder D12), Lachesis (D8) mit Pyrogenium (D15), Echinacea (D6) und Tarantula (D6) im fortgeschrittenen Stadium.
Schüßler Salze: Ferrum phosphoricum (3), Kalium chloratum (4), Kalium phosphoricum (5) und Silicea (11).
Äußerliche Anwendung: Zu empfehlen sind Umschläge aus essigsaurer Tonerde, Acetatmischung N (PlantaVet), Quarkumschläge, Umschläge mit Heilpflanzen wie Arnika, Ringelblume, Kamille oder andere Pflanzen aus dem Bereich der Wundbehandlung, Aloe-vera-Gel der verschiedenen Hersteller.

Extra-Tipp
Hier ist die Therapie mit **Blutegeln** sehr zu empfehlen!

Wann zum Therapeuten?

Bei einer Drosselvenenentzündung ist ein Therapeut zur Beratung hinzuzuziehen, da sich die Entzündung verschlimmern kann und der Therapie- und Heilungsverlauf beobachtet werden muss. Von einer chirurgischen Spaltung des möglicherweise entstehenden Abszesses sollte man absehen, da die Heilung mit Naturheilkunde sanfter und schonender ist. Wenngleich dieser Weg seine Zeit benötigt und dem Pferdehalter mehr Arbeit und Mühe in der Behandlung machen kann.

Verdauungsorgane

Die Verdauungsorgane sind wie das Atemsystem gerade beim Pferd besonders empfindlich und so ist das Kapitel Fütterung von großer Bedeutung. Der Magen des Pferdes ist relativ klein und ist auf eine kontinuierliche Fütterung angelegt. Der Darm unterteilt sich in Dünndarm und Dickdarm. Er erreicht eine Gesamtlänge von 25 bis 40 m. Eine Unmenge an Nervenzellen im Darm reguliert die Verdauung. Dieses „Bauchhirn“ hat viele Aufgaben und steht in Verbindung zum Gehirn. **Stress** wirkt direkt sowohl auf den Darm als auch auf das **Immunsystem**. Im Darm sitzen ebenso viele Abwehrzellen und er hat dadurch Anteil am Immunsystem. Die Darmflora, die Besiedlung des Darms mit Bakterien, ist wichtig für die Verwertung des Futters und die Gesundheit.

Allgemeine Behandlungsmöglichkeiten

Die **Magnetfeldtherapie** ist besonders durch ihre positive Wirkung auf den Stoffwechsel und die Durchblutung der Organe wichtig. Bei schmerzhaften Krankheiten wirkt eine Magnetfeldbehandlung schmerzlindernd und entkrampfend. Dies ist besonders bei Koliken und ihrer Nachbehandlung von entscheidender Bedeutung.

Mithilfe einer **Bioresonanztherapie** können alle Bereiche der Verdauungserkrankungen gut geheilt werden, da sie die Ursachen der Erkrankungen analysieren kann. Darauf aufbauend ist es möglich, eine individuelle Therapie durchzuführen.

Im Bereich der **Akupressur** gilt der Punkt Milz-Pankreas 1 als Notfallpunkt bei Durchfall und Erschöpfung. Er liegt in der Mitte des Kronsaums am Hinterhuf. Der Punkt Leber 3 wirkt krampflösend und beruhigt beispielsweise bei Kolik. Auch der Punkt Dickdarm 4 beruhigt und wirkt schmerzlindernd. Milz-Pankreas 21 hilft allgemein bei Verdauungsproblemen.

Schlundverstopfung

Die Speiseröhre des Pferdes hat drei Verengungen: am Brustkorbeingang, über dem Herzen und am Mageneingang. Neben Verletzungen durch harte, nicht abzuschluckende Futterteile oder Fremdkörper wie Drahtstücke oder Holzsplitter im Rachenraum können diese Teile auch die Speiseröhre verstopfen. Die Futtermittel bleiben hängen und quellen dann dort weiter auf.

Krankheitsbild

Typisch ist die plötzliche Unterbrechung der Futteraufnahme im Falle einer Schlundverstopfung. Das Pferd wird unruhig, schüttelt mit dem Kopf, hustet und scharrt und der Speichel läuft später aus Maul und Nüstern. Das Pferd kann Panik bekommen, beginnt zu Schwitzen und steht mit gestrecktem Hals da, versucht zu würgen. Es kommt zu Atemnot und die Muskulatur am Hals kann krampfen.

Selbstmaßnahmen

Homöopathie: Spasmovetsan (DHU) oder Spascupreel (Heel) zum Entkrampfen oder die Kombination der Mittel Nux vomica mit Asa foetida (beide in einer D30, zusammen auflösen und geben). Zur Nachbehandlung und Ausheilung der geschädigten Schleimhaut ist für ein bis zwei Wochen Traumeel ad us. vet. (Heel) oder ein ähnliches Wundheilungsmittel in Kombination mit Mucosa compositum ad us. vet. (Heel) zu geben.
Schüßler Salze: Calcium phosphoricum (2) und Magnesium phosphoricum (7).
Bach-Blüten: Die Notfalltropfen sind für Mensch und Tier in dieser Situation hilfreich! Die Tropfen können auch eingerieben werden, denn eine Aufnahme durch die Maul-

schleimhaut ist jetzt schwieriger. Die Einzelblüte Cherry Plum (6) ist in den Notfalltropfen enthalten, kann auch einzeln gegeben werden und wirkt entkrampfend.
Akupressur: Der Punkt Leber 3 harmonisiert bei Stress, löst Spasmen und Verkrampfungen. Er kann zur Linderung des Krampfes beitragen. Auch der Punkt Dickdarm 4 lindert Schmerzen und beruhigt.

Tipp
Reiben Sie die Bach-Blüten auf diese Punkte auf!

Wann zum Therapeuten?
Eine Schlundverstopfung beim Pferd muss in der Regel vom Tierarzt behandelt werden, der unverzüglich gerufen werden soll! Es handelt sich hier um einen unbedingten Notfall und ohne Behandlung kann sie innerhalb von wenigen Stunden zum Tod führen! In der Zeit, bis der Tierarzt kommt, kann man naturheilkundliche Erste Hilfe ergreifen.

Vorbeugung
Vorsicht ist bei der Fütterung geboten. Besonders bei hastigen und futtergierigen Pferden ist die Zusammensetzung der Ration genau zu bedenken. Das Pferd soll die Möglichkeit haben, in Ruhe sein Futter aufzunehmen. Die unteren Teile der Speiseröhre werden häufiger durch gequollene Rübenschnitzel, spelzenreichem Mischfutter oder trockenen Pellets verstopft. Deshalb sollen Rübenschnitzel vor der Fütterung 6 bis 12 Stunden in ausreichend Wasser eingeweicht werden.

Bei der Verfütterung von reinen Pellets ist eine Mischung mit anderen Futterbestandteilen oder eine Anfeuchtung unbedingt nötig. Füttern Sie Möhren oder Obst, sollte dies entweder unzerkleinert zum Selbstabbeißen oder in kleine Stücke geschnitten gefüttert werden. Gefährlich können auch kleine Äpfel oder Rote Bete sein.

Katarrh und Entzündung des Verdauungsapparates
Leichte Entzündungen kommen durch falsche Fütterung, Vergiftungen, Stress und Überlastung, Wurmbefall oder Allgemeininfektionen zustande. In Zusammenhang mit anderen Organerkrankungen kann auch der Verdauungsapparat erkranken.

Krankheitsbild
Das Pferd hat eine gestörte Futteraufnahme, es leckt und gähnt möglicherweise mehr und hat einen üblen Geruch aus dem Maul. Später magern die Tiere ab, es fallen Durchfall und Koliksymptome auf.

Selbstmaßnahmen
Als erstes gilt natürlich das Abstellen der Ursache und Optimierung besonders der Fütterung. Der Zusatz von Schleimhaut-ausheilenden Stoffen wie Haferschleim oder Leinsamenschleim zum Futter fördern die Ausheilung.
Homöopathie: Okoubaka-logoplex (Ziegler), Dysenteral (Biokanol), Nux vomica-Homaccord ad us. vet. (Heel), Veratrum-Homaccord ad us. vet. (Heel), ReVet RV 6 (Reckweg) oder Magen-Darmtropfen N (Cosmochema), zum Entkrampfen dient Spascupreel (Heel), zum Schutz der Schleimhaut Mucosa compositum ad us. vet. (Heel). Gegen die Entzündung gibt man Traumeel ad us. vet. (Heel) oder Ferrosal (Biokanol). Echinacea compositum ad us. vet. (Heel) zur allgemeinen Unterstützung des Immunsystems.
Schüßler Salze: Ferrum phosphoricum (3), Kalium phosphoricum (5), Magnesium phosphoricum (7), Natrium chloratum (8), Natrium phosphoricum (9) und Natrium sulfuricum (10).
Akupressur: Der Punkt Magen 36 hilft bei Verdauungsproblemen, Durchfall oder Verstopfung und der Punkt Milz-Pankreas 6 bei Magen- und Darmproblemen. Die Punkte Niere 3 und Lunge 7 stärken das Abwehrsystem.

Kräuterheilkunde: Beinwell kann frisch, angewelkt oder getrocknet (die Blätter sollen wegen ihrer Haare gequetscht werden) zum Füttern genommen werden. Tee aus Eibisch, Kamille, Malve, Mädesüß, Pfefferminze, Ringelblume, Süßholz, Goldrute oder Anis kann über das Futter getan werden. Es gibt im Handel verschiedene Teezubereitungen für Menschen, die den Bereich der Magen-Darm-Erkrankungen abdecken und die auch zur Verabreichung beim Pferd geeignet sind. Iberogast Tinktur (Steigerwald) ist ein pflanzliches Arzneimittel, das in Tropfenform dem Pferd mit Brot oder im Futter gegeben werden kann.

Wann zum Therapeuten?

Ein Therapeut sollte zur Diagnostik und Behandlung hinzugerufen werden, damit die Ursache der Erkrankung gefunden und abgestellt werden kann.

Vorbeugung

Schon erste Anzeichen einer Entzündung sollen behandelt werden, denn die Erkrankung könnte chronisch werden und ist somit schwer zu heilen. **Stress** ist Gift für die Pferdeseele und soll vermieden werden. Artgerechte Haltung und Fütterung mindern diesen und schonen dementsprechend die Verdauungsorgane. Im Bereich der **Fütterung** geben Sie Leinsamen. Dessen Schleimstoffe fördern die Darmbewegungen, verbessern die Konsistenz des Darminhaltes und schützen die Darmschleimhaut. Die Verfütterung von selbst gemachten oder fertig gekauften Mash fördert die Verdauung und Ausheilung der Entzündung.

Kolik

Eine Kolik ist ein Zeichen für **Schmerzen** im Bauchraum und kann die unterschiedlichsten Ursachen oder Symptome haben. Eine Kolik kann bei Krankheiten der Verdauungsorgane, der Harn- und Geschlechtsorgane, bei Erkrankungen im Brust- oder im Schlundbereich, bei vielen Infektionskrankheiten, bei Hautkrankheiten, bei Erkrankungen im Bewegungsapparat wie Lumbago oder Hufrehe wie auch bei Futter- und Wassermangel vorkommen. Es kann zwischen ein **„echten Kolik“** des Magen-Darm-Traktes und einer **„falschen Kolik“** der anderen Organe in der Bauchhöhle unterschieden werden. Das Pferd ist aufgrund seiner Anatomie, der leider oft nicht artgerechten Fütterung und bewegungsarmen Haltung besonders anfällig für eine Kolik.

Krankheitsbild

Als Symptome treten Schweißausbruch, Wälzen, Unruhe, Scharren, Sichumsehen oder Schlagen nach dem Bauch auf. Das Pferd hat einen relativ kleinen Magen und kann nicht erbrechen. Damit ist die Gefahr einer Überladung und eines Magenbruchs gegeben. Der Dünndarm ist besonders lang und kann eingeklemmt werden. Der Dickdarm ist lang, groß und frei beweglich im Bauchraum und kann sich verlagern. Diverse Übergänge im Darmkanal von eng zu weit bieten die Möglichkeit zur Verstopfung des Darms. Das Pferd ist zudem sehr empfindlich auf Wetterumschwünge, auf Fehler in der Fütterung und Haltung. So können verschiedenste Kolikformen auftreten, die sich unterschiedlich äußern.

Achtung

Bei Kolik-Verdacht grundsätzlich immer den Tierarzt rufen!

Selbstmaßnahmen

Bis zum Eintreffen des Tierarztes soll das Pferd geführt werden, es darf sich wälzen, wenn es sich dabei nicht verletzt und genug Platz da ist. Eindecken ist meist sinnvoll, vor allem wenn sich das Pferd zwischendurch hinlegt, damit es warm bleibt. Kräftiges Reiben von Bauch und Flanken auf beiden Seiten mit einem Strohwisch oder Wurzelbürste unterstützen die Entkrampfung und Durchblutung.

Homöopathie: Die Kombinationsmittel Spasmovetsan (DHU), ReVet RV 10 (Reckeweg) oder Spascupreel (Heel) dienen dem Entkrampfen. Rumisal (Biokanol) oder Nux vomica-logoplex (Ziegler) helfen bei Verdauungsstörungen und Kolik.

Die beiden Einzelmittel Nux vomica und Plumbum aceticum (beide in einer D6 und zusammen geben) ergänzen sich in ihrer Wirkung und regulieren die Darmbewegung und -aktivität, die beiden Mittel Graphites und Alumina (beide in einer D12 und zusammen geben) ergänzen sich ebenso und regen die Verdauung an (besonders bei trägen Pferden oder in der Trächtigkeit). Das Mittel Colocynthis (Tiefpotenz) hilft bei starken Schmerzen und gekrümmten Rücken, Niederwerfen und hartem, geblähten Bauch. Aconitum-Injeel (Heel) oder als D30 wird bei Kolik nach Zugluft und Wind genommen oder Belladonna-Homaccord ad us. vet. (Heel) oder als D30 bei einer Kolik nach Anstrengung und Schwitzen.

Veratrum-Homaccord ad us. vet. (Heel) hilft bei entstehender Kreislaufschwäche während der Kolik.

Tipp

Im Akutfall die Mittel schnell hintereinander wiederholen!

Febrisal (Biokanol) oder Traumeel ad us. vet. (Heel) geben als Nachbehandlung einen vorbeugenden Schutz gegen eine Infektion und Entzündung.

Wichtig: Es gibt eine Reihe von wirksamen homöopathischen Einzelmitteln, die bei einer Kolik helfen können. Hier ist jedoch die Auswahl durch einen erfahrenen Therapeuten zu treffen, denn jede Kolik äußert sich mit anderen Symptomen und verlangt nach einem anderen Mittel!

Schüßler Salze: Magnesium phosphoricum (7), Natrium phosphoricum (9), Natrium sulfuricum (10). Als die „Heiße Sieben" kann man Magnesium phosphoricum (7) in heißem Wasser auflösen (10 Tabletten in einem Viertel Liter Wasser), es wirkt so besonders schnell und zuverlässig gegen Schmerzen.

Bach-Blüten: Die Notfalltropfen helfen bei einer akuten Kolik und sollten stets griffbereit sein! Cherry plum (6) hilft als Einzelblüte gegen die Verkrampfung und ist in den Notfalltropfen enthalten. Chesnut bud (7) wird bei immer wiederkehrenden Koliken eines Pferdes eingesetzt.

Akupressur: Mit der Behandlung der Punkte Leber 3, Milz-Pankreas 6, Dickdarm 4, Magen 36 oder Dünndarm 3 können die Spasmen und Krämpfe gemildert werden.

Kräuterheilkunde:

- **Innerlich**: Die Gabe von Heilkräutern ist eher zur Nachbehandlung und Vorbeugung geeignet als während einer akuten Kolik. Hier sind beispielsweise Anis, Kümmel, Baldrian, Silberweide, Wermut oder Bärlauch heilsam. Colosan (Dr. Schaette) und Coffea praeparata (PlantaVet oder Dr. Schaette) können in leichten Fällen helfen.
- **Äußerlich**: Warme Heublumensäcke, zerstampfte warme Kartoffeln als Auflage oder Kirschkernkissen lindern die Schmerzen und lösen die Verkrampfung auch während der Kolik. Vorsicht aber bei Pferden, die sich wälzen oder hinwerfen!

Wann zum Therapeuten?

Bei einer Kolik sollte immer der **Tierarzt** gerufen werden, um die Ursache abzuklären, möglicherweise rechtzeitig in die Klinik zu überweisen und wirksame Schmerzmittel sowie krampflösende Medikamente zu verabreichen.

Versuchen Sie den Kreislauf des Pferdes zu überprüfen, sind Darmgeräusche zu hören, wann hat es das letzte Mal geäppelt und gefressen? Viele wichtige **Vorbeobachtungen** können Sie dem Tierarzt schon telefonisch mitteilen.

Die verschiedenen Kolikformen

Spastische Kolik

Diese Kolik gehört zu den häufigsten Kolikerkrankungen und wird auch als katarrhalischer Darmkrampf, Reiz- oder Erkältungskolik bezeichnet, bei der die Funktion des Darms gestört ist. Ursachen sind äußere Reize und Fehler in der Fütterung. Die Kolik beginnt plötzlich und heftig, die Darmbewegungen sind sehr verstärkt und der dünne Kot wird häufig abgesetzt.

Windkolik

Bei der Gas- oder Windkolik blähen sich Magen und/oder der Darm aufgrund von falscher Fütterung oder bei Verschlüssen im Verdauungsapparat auf. Die Symptome sind bei Gaskoliken im Blinddarm mild. Sind die Gase im Dünn- und Dickdarm, sind die Koliken eher heftig und das Befinden verschlechtert sich zunehmend.

Verstopfung

Eine Darm-Anschoppung und Verstopfung entsteht durch die Ansammlung von eingetrocknetem Darminhalt, die den Verdauungsweg verschließt. Bewegungsmangel, Überanstrengung, Darmentzündung, Parasitenbefall, ungenügende Futterzerkleinerung durch Zahnfehler, falsche Zusammensetzung der Ration oder Wassermangel können eine Verstopfung hervorrufen.

Bei **Fohlen** oder **Absetzern** kann der Dünndarm durch Spulwürmer verstopft werden! Dies kann vor einer Wurmkur durch massiven Wurmbefall oder nach einer Wurmbehandlung durch die toten Würmer entstehen.

Vorbeugung

Jedes Pferd nimmt im Laufe seines Lebens Erde und Sand auf und dieser lagert sich in seinem Verdauungssystem an. Dies ist besonders bei Haltung auf Paddocks, Sandausläufen oder „mageren“ Weiden zu beachten. Größere Mengen davon belasten jedoch das Pferd und können auch eine Kolik auslösen.

Durch die „**Wasserprobe**“ kann der Kot auf den Gehalt an Erde und Sand untersucht werden. Aus einem frischen Kothaufen werden etwa sechs Bollen in einem halben Liter Wasser aufgelöst und geschüttelt. Der Sand setzt sich dann auf dem Boden des Gefäßes ab. Ist mehr als ein Esslöffel Sand zu sehen, muss Abhilfe geschaffen werden.

Dies ist mit **Flohsamen** möglich. Das sind Samen einer Wegerich-Pflanze, die in Wasser aufquellen müssen. Dadurch binden sie dann den Sand und die Erde und transportieren ihn nach außen. Eine vorbeugende Flohsamen-Kur sollte etwa einen Monat durchgeführt werden.

Die Verfütterung von Johannisbrot oder Topinambur-Flakes dient der Regulierung der Verdauung und stärkt die Darmflora. Bierhefe, Kanne-Fermentgetreide oder auch EM (Effektive Mikroorganismen) stabilisieren gleichfalls die Darmbakterien und schützen vor Kolikerkrankungen.

Die **Fütterung** hat großen Einfluss auf die Entstehung einer Kolik! Aber Zahnprobleme und **Parasiten**befall können ebenfalls Auslöser oder mitverantwortlich für eine Kolik sein. Es gibt auch empfindsame Pferde, die auf **Stress** mit Kolik reagieren und die Unterstützung von Bach-Blüten oder Ähnlichem benötigen.

Nachbehandlung

Nach einer überstandenen Kolik muss das Pferd besonders sorgfältig gefüttert und beobachtet werden. In Abhängigkeit von der Art der Kolik ist der Futterplan mit dem Therapeuten abzusprechen. In der Regel beginnt man mit kleinen Portionen Heu von bester

Qualität und einer Mash-Zufütterung. Bei Weidegang fangen Sie mit kurzen Weidezeiten an, die dann ganz allmählich wieder gesteigert werden. Achten Sie dabei auch auf eine ausgewogene Zufütterung. Bei Stroheinstreu in der Box besteht möglicherweise die Gefahr, dass das Pferd zu viel Stroh frisst, also entweder die Einstreu wechseln oder einen Maulkorb anlegen.

Zusätzlich können Sie die Magen-Darm-Flora mit Spezialfuttermitteln, Fermentgetreide (zum Beispiel von Kanne) oder über probiotisches Futter (zum Beispiel Bokashi mit effektiven Mikroorganismen) wieder stärken.

Regelmäßige, ruhige Bewegung und Spazierengehen fördern die Verdauung und die Erholung des Pferdes.

Erste Hilfe bei Kolik

- Wenn sich das Pferd legen und **wälzen** will, lassen Sie es dies tun, aber achten Sie dabei auf mögliche Verletzungsgefahren (Zaun, Tränke, Gerätschaften) und genügend Platz um das Tier herum.
- **Warm halten**, also Eindecken beim Führen, und auch, wenn das Pferd sich legt. Lassen Sie das Tier ruhig zwischendurch liegen und sich ausruhen!
- Wie sind die **physiologischen Werte** (siehe auch Seite 14)? Ist der Kreislauf stabil? Hört man Darmgeräusche? Wann und was hat das Pferd das letzte Mal gefressen, wann hat es das letzte Mal Kot und Urin abgesetzt (möglicherweise Kot- und Urinprobe nehmen für den Tierarzt!).
- Für den Fall der Fälle wissen, wo man sich für einen notwendigen Transport in die **Klinik** einen Hänger besorgen kann, wo die Klinik ist und wer beim Transport helfen kann.

Mash-Rezept zur Vorbeugung oder Erholung bei Kolikproblemen

Zwei Becher Quetschhafer mit zwei Bechern Weizenkleie und einem Becher fertig aufgekochtem und ausgequollenem Leinsamen mischen, dann mit vier bis fünf Liter kochendem Wasser übergießen und gut zwei Stunden ziehen und quellen lassen. Man kann einen Teelöffel Salz zufügen, auch etwas Sonnenblumenöl oder Heilkräuter. Bitte lauwarm füttern und keine Reste aufbewahren!

Leber

Die Leber ist ein wichtiges Stoffwechselorgan und wird bei vielen Erkrankungen belastet. Fehler in der Fütterung und Stoffwechselstörungen stören seine Entgiftungsfunktion und zerstören das Lebergewebe. Die Leber besitzt jedoch eine sehr große Kompensations- und Regenerationsfähigkeit, sodass geringe Schädigungen kaum erkannt werden und unbemerkt wieder ausheilen können. Mit Lebererkrankungen einhergehende Stoffwechselstörungen haben weitreichende Auswirkungen und sind folgenschwer für den gesamten Organismus des Pferdes.

Allgemeine Behandlungsmöglichkeiten

Mit der **Magnetfeldtherapie** wie auch mit der **Bioresonanztherapie** ist der Gesamtkomplex Leber zu stärken. Damit wird gleichzeitig die Ausscheidungsfunktion der Leber unterstützt und das fördert den ganzen Organismus des Pferdes.

Aus dem Bereich der **Akupressur** ist der Punkt Leber 3 bei allen Leberproblemen wichtig. Die Leber hat in der chinesischen Vorstellung Einfluss auf alle Körperfunktionen, sie reguliert den Fluss der Lebensenergie. Der Punkt Gallenblase 41 harmonisiert die Energie der Leber.

Erkrankung der Leber

Krankheitsbild

Häufig finden sich bei einer Lebererkrankung Symptome wie nachlassende Leistungsfähigkeit, weniger Appetit, häufiges Gähnen, Neigung zu Durchfall und Hauterkrankungen, Verstopfung oder Koliken. Auch zentralnervöse Erscheinungen wie Koma, Schläfrigkeit, Ataxien, Erregung und Krämpfe entwickeln sich möglicherweise bei einer Leberfunktionsstörung, da die Leber nicht mehr die im Darm entstehenden giftigen Produkte abbauen kann. Das auffälligste Symptom einer Lebererkrankung ist die Gelbfärbung der Gewebe, der **Ikterus**. Dies ist besonders an den Bindehäuten der Augen zu sehen, muss aber nicht immer auf einen Leberschaden hinweisen. Chronische Leberschäden können auch ohne Ikterus verlaufen. Sehr rasch fortschreitende und schwere Erkrankungen mit raschem Zerfall der Leberzellen können zum Tode führen, ohne dass eine Gelbsucht sichtbar war. Oft stehen aber auch nur die Symptome der Grundkrankheit wie eine Blutvergiftung, Nabelentzündung oder Ähnliches im Vordergrund und es fehlen die Krankheitszeichen der Leber.

Wichtig: Bei der **Kreuzkrautvergiftung** (Schweinsberger Krankheit) kommt es zusätzlich zu Durchfall mit starken Krämpfen, kolikartigen Erscheinungen, Photosensibilisierung!

Bei starkem **Diät-Halten** oder **Hungern-Lassen** der Pferde, um das Gewicht zu reduzieren, was häufiger bei Ponys wegen einer Rehe-Gefahr oder Ekzem-Neigung geraten wird, besteht die große Gefahr einer Leber-Schädigung durch die entstehende Stoffwechselstörung! Abspecken also in Maßen und nicht in kurzer Zeit! **Hochgradig fette Tiere** sind aber auch für Lebererkrankungen gefährdet.

Selbstmaßnahmen

Wichtig sind hier die Vermeidung der Belastung eines kranken Pferdes und der weiteren Leberbelastung.

Homöopathie: Kombinationspräparate mit Bezug zur Leber sind unter anderem Hepavet (Biokanol), Rumisal (Biokanol), Flor de piedra S compositum (Ziegler), Carduus compositum ad us. vet. (Heel), Hepar compositum

(Heel), ReVet RV 5 (Reckeweg) oder Hepar comp. PLV (PlantaVet).

Ein **Therapeut** kann möglicherweise auch passende Organpräparate auswählen, die die Leber stärken.

Schüßler Salze: Ferrum phosphoricum (3), Kalium sulfuricum (6), Natrium sulfuricum (10) und Calcium sulfuricum (12).

Bach-Blüten: Chicory (8) ist nützlich bei allen Stoffwechselstörungen und besonders bei Lebererkrankungen hilfreich.

Kräuterheilkunde: Eisenkraut als Tee oder Kräuterzusatz zum Futter, Löwenzahn als frische Blätter oder auch Wurzel, Mariendistel, Pfefferminze, Süßholz oder Bärlapp in Teeform.

Wann zum Therapeuten?

Bei einem Verdacht auf eine Erkrankung der Leber soll unverzüglich der Tierarzt gerufen werden. Hier sind in Absprache mit dem Therapeuten eine homöopathische „Leberschutz-Therapie“ sinnvoll und die Ergänzung der Ration mit Leber-wirksamen Futtermitteln.

Vorbeugung

Nach einer **Erkrankung** und **Medikamentengabe** kann man mit homöopathischen oder pflanzlichen Mitteln die Leber stärken. Fehler oder Mängel in der Fütterung sind nie auszuschließen, wenn man ein Pferd kauft und dies besonders nicht, wenn die Vorgeschichte des Tieres unbekannt ist. Hier kann eine Leberschutz-Kur mit ausgewählten Mitteln aus dem Bereich der Homöopathie oder Kräuterheilkunde durchaus Sinn machen! In Gegenden mit **Leberegeln** ist der Bekämpfung dieses Innenparasiten besonders Sorge zu tragen!

Bei allen **Lebererkrankungen** sollte die **Futterration** des Pferdes überprüft und entsprechend umgestaltet werden. Je nach Krankheitsbild gibt es unterschiedliche Empfehlungen, jedoch gilt allgemein: In der akuten Phase soll auf Kraftfutter verzichtet und Heu optimaler Qualität oder kleine Mengen gutes Stroh in vielen kleinen Portionen über den Tag verteilt gefüttert werden. Anstelle von Kraftfutter sollte Mash (Rezept siehe Seite 65) auf viele Rationen verteilt gefüttert werden. Es fördert die Darmflora und regt den Appetit an, besonders wenn man eine Auswahl von passenden Heilkräutern zusetzt. Von einer Silagefütterung bei leberkranken Pferden ist eher abzuraten. Silage ist häufig keimbelastet, beispielsweise durch Clostridien, und damit Ursache von Störungen im Verdauungsapparat. Wichtig ist eine ausreichende **Bewegung** des Pferdes, also Aufenthalt auf der Weide, Spazierengehen, Longieren, Bodenarbeit und Reiten oder Fahren.

Nieren und Harnwege

Das zentrale Organ des Harnsystems sind die beiden Nieren. Sie dienen der Blutreinigung und sind von großer Bedeutung für den Wasser- und Elektrolythaushalt des Pferdes. Der von den Nieren kommende Harn wird dann über das Nierenbecken, die Harnleiter, die Blase und die Harnröhre ausgeschieden.

Ein hoher **Eiweiß-(Protein-)gehalt** in der Futterration belastet die Nieren Ihres Pferdes, da hohe Menge an Harnstoff (Endprodukt des Eiweißstoffwechsels) ausgeschieden werden müssen. Wichtig ist aber nicht nur die Gesamtmenge, sondern auch die Zusammensetzung der Eiweiße in der Ration. Aber auch bestimmte **Mineralstoffe** oder **Vitamine** können bei einer Über- oder Unterversorgung Probleme bereiten, beispielsweise Calcium und Vitamin D. Natürlich sind auch Giftstoffe aus Bakterien oder Schimmelpilzen, Medikamente und schädliche Zusatzstoffe im Futter zu vermeiden, die die Funktion der Nieren erschweren oder schädigen könnten.

Für die Funktion der Niere ist die Versorgung mit **gutem Wasser** für die Pferde sehr wichtig. Wasser muss immer ohne Probleme für jedes Pferd erreichbar sein, zu jeder Jahreszeit und in jeder Haltungsform.

Allgemeine Behandlungsmöglichkeiten

Mit der **Magnetfeldtherapie** und auch der **Bioresonanztherapie** sind alle Erkrankungen in diesem Bereich begleitend zu therapieren und mit anderen Verfahren wirksam zu kombinieren.

Aus dem Bereich der **Akupressur** kann mit dem Punkt Niere 3 das Organ allgemein gestärkt werden. Da die Niere in der chinesischen Medizin die Grundlage der Lebensvorgänge ist, ist bei einer Nierenschwäche das Pferd schnell erschöpft und wird öfter krank.

Nierenentzündung

Die Nieren des Pferdes erkranken seltener und wenn, dann im Rahmen oder infolge von Infektionen, Vergiftungen, Schock oder Allgemeinerkrankungen. Allgemein sind sehr junge oder alte Tiere anfälliger für diese Erkrankung, die dann oft aufgrund einer Verkühlung entsteht.

Krankheitsbild

Nierenerkrankungen verlaufen meist schleichend und ohne wesentliche Symptome. Es fallen möglicherweise vermehrter Durst und vermehrtes Harnen auf. Eine **akute Entzündung** der Nieren im Verlauf von Infektionskrankheiten führt zu Fieber, Mattigkeit, kolikartigen Symptomen, steifem Gang und Rückenproblemen. Der Harnabsatz ist erschwert und der Harn in seinem Aussehen verändert.

Wird die **Entzündung chronisch**, magert das Tier ab und die Niere wird zunehmend geschädigt. Bei der eitrigen Form, die vorwiegend bei jungen Pferden nach Fohlen-Frühlähme und infolge einer Druse vorkommt, fällt stark veränderter Urin wegen der Eiterbeimengung auf.

Selbstmaßnahmen

Das Pferd sollte ruhig gestellt werden und wärmende Auflagen im Rückenbereich bekommen. Ein Solarium ist, falls vorhanden, in dem Fall sehr hilfreich.

Homöopathie: Die Kombinationsmittel Solidago compositum ad us. vet. (Heel), Berberis-Homaccord ad us. vet. (Heel), Cantharis compositum ad us. vet. (Heel), Solidago-logoplex (Ziegler) oder ReVEt RV 18 (Reckeweg) dienen der Behandlung der Niere. Echinacea compositum ad us. vet. (Heel) stärkt die Widerstandkraft. Möglicherweise sind auch Organpräparate nach

Auswahl durch den Therapeuten sinnvoll in die Medikation zu nehmen.
Schüßler Salze: Calcium phosphoricum (2), Ferrum phosphoricum (3), Kalium phosphoricum (5), Natrium chloratum (8) und Natrium phosphoricum (9).
Kräuterheilkunde: Löwenzahn, Meerrettich, Petersilie, Quecke, Bärlapp, Goldrute, Birke und Brennnessel als frische Kräuter oder als Tee.

Wann zum Therapeuten?

Bei einer Nierenerkrankung sollte immer ein Therapeut gerufen werden, da Nierenversagen lebensbedrohlich ist. Naturheilverfahren können begleitend oder zur Nachbehandlung eingesetzt werden.

Vorbeugung

Bei bestehenden **Infektionserkrankungen** ist besonderes Augenmerk auf die Funktion der Nieren zu legen! Erste Krankheitszeichen sind ernst zu nehmen und besonders bei **Fohlen** ein Warnsignal! Durchnässung und Erkältung können bei jungen oder geschwächten Tieren auf die Nieren schlagen, hier ist ein Wetterschutz und gegebenenfalls Eindecken wichtig.

Harnblasenentzündung

Die Entzündung der Schleimhaut der Harnblase kommt durch eine Infektion durch Bakterien, durch Verletzung der Harnorgane oder eine Harnverhaltung zustande. Sie tritt eher bei älteren Stuten auf und kann hier auch durch aufsteigende Entzündungen aus Scheide oder Gebärmutter entstehen.

Krankheitsbild

Eine akute Entzündung zeigt veränderten Harn, schmerzhaften Urinabsatz, in schweren Fällen auch Fieber und gestörtes Allgemeinbefinden mit aufgezogenem Rücken. Die chronischen Fälle sind nicht so ausgeprägt, können aber auch Kolikzeichen aufweisen.

Selbstmaßnahmen

Wichtig ist hier die Anwendung von Wärme, also Eindecken, bei hochgradigen Schmerzen auch entkrampfende Mittel und Förderung der Harnausscheidung.
Homöopathie: Kombinationsmittel mit Bezug auf die Nieren sind Berberis-Homaccord ad us. vet. (Heel), Solidago compositum ad us. vet. (Heel), Solidago-logoplex (Ziegler), Lachesis S-logoplex (Ziegler) oder Cantharis compositum (Heel) (Blut im Harn).
Echinacea compositum ad us. vet. (Heel) dient der Stärkung des Immunsystems.
Schüßler Salze: Ferrum phosphoricum (3), Natrium chloratum (8), Natrium phosphoricum (9), Calcium sulfuricum (12).
Akupressur: Die beiden Punkte Niere 3 und Lunge 7 können zur unterstützenden Behandlung akupressiert werden, um das Immunsystem zu stärken.
Kräuterheilkunde: Birke, Bärentraube, Bärlapp, Bukkostrauch, Goldrute, Quecke, Eibisch, Schafgarbe und Klettenlabkraut sind hier Heilpflanzen, die als Tee über das Kraftfutter gegeben werden können. Auch frische Petersilie, Quecke, Sellerie oder Zinnkraut können bei Blasenentzündung helfen.

Wann zum Therapeuten?

Hier ist das Hinzuziehen eines Therapeuten anzuraten, vor allem wenn sich die Erkrankung nicht nach kurzer Zeit bessert und die Schmerzen anhalten.

Vorbeugung

Erste Anzeichen einer Erkrankung sollen ernst genommen und unbedingt fachkundig behandelt werden, um ein Übergreifen auf andere Organe und größere Schäden zu vermeiden.

Harnsteinkrankheit

Durch die Bildung von Konkrementen („Steinen") in den Organen der Harnbereitung und Harnableitung können die Organe selbst geschädigt oder in ihrer Funktion gestört werden.

Achtung

Bei Verdacht sofort den Tierarzt verständigen. Es besteht für das Pferd Lebensgefahr!

Die Symptome zeigen sich eher beim **männlichen Pferd**, wo Harnröhrensteine einen völligen Verschluss der Harnröhre hervorrufen können.

Nierensteine sind oft ohne äußere Krankheitszeichen, selten zeigt sich eine Kolik.

Auch bei **Blasensteinen** hat man oft keine Symptome. Möglicherweise zeigen sich Krankheitszeichen wie bei einer Blasenentzündung, bei hochgradiger Steinbildung hat man Symptome wie bei einer Harninkontinenz.

Krankheitsbild

Das Pferd kann keinen Urin mehr absetzen, ist unruhig und zeigt kolikartige Symptome. Ein Umschlagen der Harnröhre kann bei Hengsten vorkommen und ist lebensbedrohlich.

Selbstmaßnahmen

Homöopathie: Das Einzelmittel Sabal serrulatum in Tiefpotenz gilt als homöopathischer Katheder. Solidago in Tiefpotenz dient zur Anregung der Nierenfunktion oder verwendet Kombinationsmittel wie Berberis-Homaccord ad us. vet. (Heel), Cantharis compositum ad us. vet. (Heel), Solidago compositum ad us. vet. (Heel), ReVet RV 18 (Reckeweg), möglicherweise zusammen mit Arnica in Tiefpotenz oder Traumeel ad us. vet. (Heel) bei Blut im Urin.

Schüßler Salze: Calcium phosphoricum (2), Magnesium phosphoricum (7) und Natrium phosphoricum (9).

Kräuterheilkunde: Goldrute, Petersilie, Löwenzahn, Bärlapp, Anis, Brennnessel, Schachtelhalm, Birkenblätter, Hagebutten. Entweder als frisches Kraut oder als Tee über das Futter geben.

Wann zum Therapeuten?

Hier liegt ein **Notfall** vor und der **Tierarzt** muss sofort gerufen werden!

In der Wartezeit und zur Nachbehandlung kann man mit Naturheilmitteln behandeln!

Bewegungsapparat

Ist der Bewegungsapparat erkrankt, fallen meist Lahmheiten auf und signalisieren, dass etwas nicht in Ordnung ist. Das Pferd als Lauf- und Fluchttier ist auf ständige Bewegung ausgelegt und leidet mit seinem Bewegungsapparat sehr unter den oft vorherrschenden unnatürlichen Haltungsbedingungen in einer Box oder einem nur kleinen Auslauf. Die Bandbreite der möglichen Erkrankungen und ihrer Ursachen ist auf diesem Gebiet besonders groß und erfordert eine genaue Untersuchung der Extremitäten, aber auch der Wirbelsäule und der Muskulatur des Pferdes.

Allgemeine Behandlungsmöglichkeiten

Die **Magnetfeldtherapie** ist besonders bei Erkrankungen des Bewegungsapparates sehr zu empfehlen. Ihre Einsatzmöglichkeiten reichen von Schmerzen und Verkrampfungen über Verletzungen, Wunden oder Knochenbrüche bis zu Gelenkerkrankungen aller Art und Sehnenproblemen. Aber auch Muskelverspannungen, Muskelfaserrisse oder -zerrungen wie auch der Kreuzverschlag sind Indikationen für die Magnetfeldtherapie. Bei einer Schwellung der Beine und Phlegmonen ist sie ebenso sehr wirkungsvoll. Sie hilft bei akuten und chronischen Erkrankungen und kann vor allem bei notwendiger Stallruhe und in der Rekonvaleszens die Vitalität des Pferdes stärken. Im akuten Fall kann die Behandlung zweimal täglich durchgeführt werden bis eine erste Besserung und Schmerzlinderung festzustellen ist. Oft ist eine längerfristige Nachbehandlung zur erfolgreichen Ausheilung notwendig. Dann sollte die Magnetfeldtherapie auch über einige Monate hindurch alle zwei bis drei Tage durchgeführt werden.

Die **Bioresonanztherapie** ist bei akuten und chronischen Erkrankungen sehr sinnvoll. Im Akutfall kann sie sehr gut schmerzlindernd wirken und je nach den gewählten Programmen die unterschiedlichen Gewebe und Strukturen erfassen.

Im Bereich der **Akupunktur** beziehungsweise auch in der Akupressur gibt es einige Punkte, die zur Behandlung von Erkrankungen des Bewegungsapparates sehr gut geeignet sind. Der Punkt Blase 60 ist ein Schmerzpunkt und kann bei allen Schmerzen vom Kopf bis zum Becken, bei Verstauchungen und Schwellung, bei Problemen im Bereich des Sprunggelenkes und Widerrist behandelt werden.

Verletzungen des Hufes

Eine tiefe Verletzung des Hornschuhes durch Nageltritt, Vernageln, fehlerhaftes Arbeiten am Huf, falsche Hufstellung führt zu einer Entzündung im Huf. Durch die Einwanderung von Keimen aus Boden und Einstreu kommt es zu einer Infektion und Eiterbildung.

Krankheitsbild

Je nach Ort der Verletzung und Entzündung variieren die Symptome und man stellt Lahmheit, Fieber oder Schwellung fest. Wichtig ist die Beachtung der Gefahr einer **Tetanus-Infektion**!

Selbstmaßnahmen

Homöopathie: Arnica S-logoplex (Ziegler), Traumeel ad us. vet. (Heel), Traumisal (Biokanol), auch Einzelmittel in Tiefpotenz wie Arnica, Ledum, Staphisagria gegen die Entzündung.

Schüßler Salze: Kalium chloratum (4), Natrium phosphoricum (9), Natrium sulfuricum (10) und Silicea (11) und Calcium sulfuricum (12).

Kräuterheilkunde: Ein Umschlag aus gekochten und zerstampften heißen Kartoffeln, mit Leinsamen, mit verdünnter Arnika-Tinktur oder Wundstein-Essenz (Dr.Schaette) oder der Einsatz von Klausan-Paste (Dr. Schaette) fördern die Ausheilung der Entzündung.

Wann zum Therapeuten?

Der **Tierarzt** und der **Hufschmied** sind bei Hufverletzungen zu rufen! Ein eingetretener Fremdkörper soll möglichst nicht sofort vom Pferdehalter entfernt werden, um dem Therapeuten die Lokalisation und Tiefe der Verletzung zu zeigen und eine möglicherweise nötige Röntgenaufnahme vereinfachen. Eine naturheilkundliche Behandlung kann deren Therapie begleiten und unterstützen sowie die Ausheilung und nachfolgende Stärkung des Hufes fördern.

Vorbeugung

Die tägliche Kontrolle der Hufe sind oberstes Gebot, besonders wenn das Pferd geritten oder gefahren wird. Das beschlagene Pferd kann ebenso Hufverletzungen wie ein unbeschlagener Barfuß-Gänger haben!

> **Tipp**
>
> Sehr empfehlenswert sind Kurse zur Hufpflege und Information über die Grundlagen der Hufbearbeitung und Hufkrankheiten! Aktuelle Informationen erhalten Sie dazu in den Pferde-Zeitschriften oder im Internet.

Kann man schon bei kleinen Krankheitszeichen handeln und Maßnahmen ergreifen, so sind größere Schäden meist zu vermeiden und die Hufe bleiben gesund und widerstandskräftig.

Strahlfäule

Die Strahlfäule ist eine degenerative Erkrankung des Strahls und der seitlichen Strahlfurchen. Die Infektion kann bei fehlender Behandlung durch das verhornte Gewebe dringen und bis in die Lederhaut ziehen. Die Ursache für die Entstehung liegt besonders in einer unhygienischen Haltung des Pferdes, aber auch in mangelhafter Hufreinigung und Hufpflege, wenn der Strahl zu stark bearbeitet wird und nicht mehr genug Gegendruck auf den Boden erhält und dadurch schlechter durchblutet wird. Die Heilung ist in leichten Fällen durch konsequente Behandlung möglich, bei einer Infektion der Huflederhaut aber sehr schwierig und zweifelhaft.

Krankheitsbild

In den Strahlfurchen fällt verstärkte Feuchtigkeit und schwarzes Sekret auf, das sehr unangenehm riecht. Die Furchen sind nach der Reinigung tiefer als normal und können bis auf die Huflederhaut reichen. Dies wird dem Pferd schmerzhaft, es zeigt Abwehrreaktionen beim Auskratzen und kann auch lahm gehen. Der Huf zeigt in solch schweren Fällen die Symptome ähnlich einer Nageltrittverletzung und das Bein kann anschwellen.

Selbstmaßnahmen

Als erstes muss die Haltung verbessert werden und dem Pferd sauberer Untergrund im Stall und auf der Weide geboten werden. Nach gründlicher Reinigung der Hufe schneidet der Schmied die Hufe aus und anschließend werden sie mit einer starken Salzlösung ausgewaschen. In etwa 50 ml Speise-Öl (Sonnenblumenöl, Distelöl oder Ähnliche) geben Sie einige Tropfen Teebaumöl oder Lavendelöl und bestreichen damit die Hufsohle zweimal täglich. Auch Wundstein-Essenz (Dr. Schaette), Klausan-Paste (Dr. Schaette) oder auch Klausan-Pflege-Spray (Dr. Schaette) können hier äußerlich eingesetzt werden. Zusätzlich ist es möglich, der Futterration Spezialfuttermittel zuzusetzen, beispielsweise KieselAktiv (Dr. Schaette) oder Ursonne Pferde Algimin (Dr. Schaette).

Hier ist die Auswahl auf dem Markt sehr groß. Lassen Sie sich bei Ihrem Futtermittelhändler oder Therapeuten beraten.

Wann zum Therapeuten?

Bei schweren Fällen soll ein Therapeut die Behandlung unterstützen.

Vorbeugung

Regelmäßige Kontrolle und Reinigung der Hufe sowie saubere, naturnahe Haltung sind unerlässlich, um die Hufe auch von unten gesund zu halten. Boxenhaltung auf einer dicken Einstreu, die oberflächlich betrachtet frisch aussieht, aber harngesättigt ist, kann die Hufe nicht gesund erhalten. Die natürlichste Haltungsform ist auch hier die beste!

Hufrehe

Diese Erkrankung ist eine **Allgemeinerkrankung**, deren Symptome sich besonders im Hufbereich zeigen. Je nach der Schwere der Erkrankung reicht die Hufrehe von einer Entzündung der Huflederhaut bis zur Schädigung des Hufbeintrageapparates, zum Sohlendurchbruch und zum Ausschuhen. Als Ursachen kommen Fütterungsfehler, Vergiftungen, bestimmte Medikamente, übermäßige Belastung, Infektionen oder Erkrankungen wie das Cushing Syndrom oder das Equine Metabolische Syndrom (EMS) infrage. Eine „Geburtsrehe" entsteht durch Giftstoffen aus in der Gebärmutter zurückgebliebenen Nachgeburtsteilen. Hufrehe findet man häufig bei Ponys und Kaltblütern sowie bei übergewichtigen Pferden. Doch auch andere Pferde können erkranken und dies besonders im Frühjahr oder Herbst, wenn sich die Inhaltsstoffe im Gras verändern und eine Stoffwechselstörung im Dickdarm hervorrufen. Dadurch kommt es zu einem Massensterben der Mikroorganismen, Freisetzung von Giftstoffen und Entzündungsreaktionen. Meistens erkranken die vorderen Hufe, es können aber auch alle vier Hufe erkranken.

Krankheitsbild

Bei einer **akuten Rehe** kann sich das Pferd kaum noch bewegen, es hat extreme Schmerzen und steht in typischer Stellung mit Gewichtsverlagerung nach hinten. Es kann auch vermehrt liegen, im weiteren Verlauf der Erkrankung liegt es aufgrund der großen Schmerzhaftigkeit nur noch. Oft fallen Fieber, erhöhter Puls und Atmung auf, es kommt zu Muskelzittern, Schweißausbruch und die Hufe fühlen sich warm an. Leichte Rehefälle fallen nur durch Unlust in schnelleren Gangarten und veränderten Gang auf. Auch das Aufheben der Hufe ist dem Pferd unangenehm.

Eine **chronische Rehe** entsteht meist aus einer akuten Form und bildet dann den typischen Rehe- und Knollhuf aus, da sich die Form des Hufes durch die Zerstörung des Aufhängeapparates im Inneren verändert. Das Hufhorn wird brüchig, die weiße Linie ist verbreitert und im schwersten Fall bricht die Hufsohle durch.

Selbstmaßnahmen

Bei der Hufrehe ist eine **schnelle Behandlung** wichtig. Das Pferd ist sofort einzeln aufzustallen, eine Offenstallbox ist optimal. Die Fütterung ist auf Raufutter umzustellen, Kraftfutter ist abzusetzen. Bei einer Rehe durch einen Fütterungsfehler ist abzuführen und der **Tierarzt** wird einen Aderlass vornehmen.

Neben den Medikamenten des Tierarztes muss überlegt werden, ob man dem Pferd **Schmerzmittel** verabreicht. Diese sollten die Schmerzen nur so weit lindern, dass die Tiere weiter fressen und nicht an einer Kolik erkranken, aber eine vollständige Schmerzfreiheit lässt die erkrankten Pferde sich zu viel bewegen. Die Hufe werden so zu stark belastet. Die Maßnahmen des Hufbehandlers müssen ebenso individuell abgestimmt werden.
Homöopathie: Traumeel ad us. vet. (Heel), Traumisal (Biokanol), Arnica S-logoplex (Ziegler) gegen die Entzündung. Das Einzel-

mittel Ginkgo biloba (tiefe Potenzen wie D1 bis D6) fördert die Durchblutung im Hufbereich, Apis in Tiefpotenz wird zur Behandlung des Ödems der Huflederhaut genommen, Belladonna in D6 oder D12 und Lachesis D30 gegen die Entzündung.

Wichtig

sind Mittel zur Entgiftung des Organismus, wie Nux vomica als Einzelmittel in tiefer bis mittlerer Potenz oder als Nux vomica-Homaccord ad us. vet. (Heel).

Schüßler Salze: Calcium fluoratum (1), Calcium phosphoricum (2), Ferrum phosphoricum (3) und Kalium phosphoricum (5).
Bach-Blüten: Chesnut bud (7) bei immer wiederkehrenden Rehe-Schüben, Clematis (9) zur Entgiftung und Ausheilung und die Notfalltropfen als Erste Hilfe in einem schweren Akutfall.
Akupressur: Die Punkte Dickdarm 4 lindert die Schmerzen. Die Funktion der Leber wird durch den Punkt Leber 3 unterstützt und fördert die Entgiftung.
Kräuterheilkunde: Brennnessel, Klettenlabkraut, Beinwell und Löwenzahn. Hagebutten und Quecken fördern das Hufwachstum, Weißdorn, Ginkgo und Buchweizen fördern die Durchblutung.

Extra-Tipp

Eine Blutegeltherapie ist hier sehr wirkungsvoll!

Wann zum Therapeuten?

Der Therapeut und ein Huforthopäde sind sofort zu rufen und sollen die Behandlung der Hufrehe unterstützen.

Vorbeugung

Die richtige und angemessene Fütterung, Belastung und Hufpflege (Hufstellung!) des Pferdes sind entscheidend über die Gefahr des Entstehens einer Rehe, besonders wenn man ein Pferd oder Pony hat, das besonders anfällig für diese Erkrankung gilt. Ist ein Pferd schon einmal an einer Hufrehe erkrankt, ist ganz **besondere Vorsicht** geboten, da sich die Krankheit leicht wiederholt sobald der kleinste Fehler gemacht wird. Vor allem in den Übergangszeiten im Frühjahr und Herbst ist die Fütterung und Beweidung zu überlegen!

Gelenkentzündungen

Im Bereich der Extremitäten können alle Gelenke vom Huf bis zur Schulter oder bis zum Becken durch eine Verletzung, Infektion oder Überbelastung erkranken. Im Hufgelenk kann es zu der bekannten **Hufrollen-Entzündung** kommen. Sie heißt auch Podotrochlitis oder Strahlbeinlahmheit und ist eine der häufigsten Vorhandlahmheiten. Durch die Erkrankung und Veränderungen des Strahlbeins, des Hufrollenschleimbeutels und der Beugesehnen kommt es zu wechselnden Lahmheiten, zu einer auffallenden vorständigen Haltung und verändertem Gang.

Der **Spat** ist eine chronische Gelenkentzündung des Sprunggelenks, wobei sich an der Innenseite des Gelenkes eine Knochenauftreibung bildet, die zu Lahmheit führen kann.

Krankheitsbild

Bei allen Gelenkentzündungen stellen wir eine mehr oder weniger ausgeprägte **Lahmheit** fest, die verbunden sein kann mit einer Unfangsvermehrung des Gelenkes und Wärme. Bei einer **chronischen Entzündung** tritt die Lahmheit oft erst nach einer längeren Pause auf und verschwindet dann wieder in der Bewegung.

Selbstmaßnahmen

In der Anfangsphase der Entzündung soll das Gelenk eher gekühlt werden, nach den ersten

48 Stunden kann mit Wärme behandelt werden. Das Gelenk soll im Akutstadium ruhig gestellt werden. Im chronischen Stadium ist das Pferd kontrolliert zu bewegen.
Homöopathie: Die Kombinationsmittel Arnica S-logoplex (Ziegler), Traumeel ad us. vet. (Heel), Alleosal (Biokanol), Distorsal (Biokanol), Traumisal (Biokanol) oder als Einzelmittel Arnica D6 oder D12, das Mittel Belladonna D6 bei den ersten Anzeichen einer Entzündung. Bryonia D6 können Sie bei geschwollenem Gelenk und wenn starker Druck bessert verwenden, Apis D6 bei starker Schwellung und am Anfang der Entzündung. Bei chronischen Formen kann auch Zeel ad us. vet. (Heel) eingesetzt werden.
Schüßler Salze: Calcium fluoratum (1), Calcium phosphoricum (2), Ferrum phosphoricum (3), Natrium chloratum (8), Natrium phosphoricum (9) und Silicea (11).
Akupressur: Der Punkt Dickdarm 4 lindert die Schmerzen und Dickdarm 16 wirkt auf die Gelenke. Niere 3 und Magen 36 wirken auf Schmerzen im Kniebereich.
Kräuterheilkunde:

- **Äußerlich**: Arnika kann man als Umschlag mit der Tinktur (einen Teelöffel Tinktur auf einen halben Liter Wasser) oder in Form von Arnikasalbe verwenden. Sie können auch Beinwell-Breiumschläge (fertig gekauft oder selbst zubereitet), Beinwellöl oder -salbe, Teufelskralle, Weißdorn, „Heusack“ als Auflage (fertig aus der Apotheke oder selbst hergestellt. Nicht auf akute Entzündungen!) oder Heilerde-Umschläge machen. Die Blätter des großen Huflattichs werden in zerquetschter Form als Auflage verwendet. Eine Paste aus einer Acetatmischung von Dr. Schaette oder auch eine Acetatmischung N (PlantaVet) ist bei einer heißen Entzündung der Gelenke sinnvoll.
- **Innerlich**: Teufelskralle und Ingwer gibt es als fertige Futterzubereitungen und können mit in die Ration eingefügt werden. Tee aus Brennnessel oder Zinnkraut kann über das Futter gegeben werden, möglich ist auch die Zugabe von einem Esslöffel Schwedenbitter.

Wann zum Therapeuten?

Bei Gelenkerkrankungen sollte sofort ein **Therapeut** gerufen werden! Begleitend können Sie mit der Naturheilkunde behandeln.

Vorbeugung

Der Schutz vor Gelenkproblemen beginnt in der **Aufzucht** und setzt sich während dem Pferdeleben in seiner Nutzung fort. Die Belastung des Pferdes im Reit- oder Fahrsport hat einen großen Einfluss auf die Entstehung von Gelenkerkrankungen! Wichtig ist eine ausreichende Aufwärmphase vor dem Reiten, besonders wenn das Pferd aus der Stallbox und nicht von der Weide kommt. Eine gute Kondition und regelmäßiges Training beugen vielen Problemen vor. Auch die Fütterung hat großen Einfluss auf die Gesundheit der Gelenke. Die Inhaltsstoffe in den **grünlippigen neuseeländischen Muscheln** in handelsüblichen Zubereitungen können bei Bedarf beigefüttert werden.

Gelenkgallen

Gallen entstehen durch eine Entzündung der Gelenkkapsel, die unter vermehrter Bildung der Gelenkflüssigkeit eine Vergrößerung des Gelenkes hervorrufen. Gallen zeigen eine chronische Entzündung an, die oft durch eine mechanische Reizung hervorgerufen wird. Es können sich an allen Gelenken Gallen bilden und so finden wir beispielsweise **Fesselgelenkgallen** oder **Sprunggelenkgallen** (Kreuzgallen, Wassergallen). Manche Pferde haben eine Galle, manche bilden mehrere Gallen nebeneinander aus. Bei **jungen Pferden** können sie von selbst verschwinden. Eine naturheilkundliche Behandlung unterstützt die Rückbildung. Bei älteren Pferden ist die Aussicht der Ausheilung nicht so gut.

Die Gallen bleiben oft bestehen und sind als Schönheitsfehler zu werten.

Krankheitsbild

An den betreffenden Gelenken finden sich weiche und flüssigkeitsgefüllte Schwellungen. Es besteht meist keine Lahmheit oder Entzündung, man findet aber auch warme und schmerzhafte Schwellungen unter den Gallen. Haben die Gallen die Neigung weiter zu wachsen, können sie später durch ihre Ausmaße stören und die Beweglichkeit des Gelenkes einschränken. Ungünstig ist auch eine Verhärtung einer vormals weichen Galle, die dann oft eine Lahmheit hervorruft. Die Gefahr einer folgenden Infektion ist besonders bei Piephacken, bei Gallen am Sprunggelenk, groß und verkompliziert die Erkrankung.

Selbstmaßnahmen

Frische Gallen können mit durchblutungsfördernden Mitteln wie Franzbranntwein oder Retterspitz behandelt werden. Auch ein Umschlag mit Meerrettich, Ingwer oder Gelbwurz ist möglich. Ist die Ursache fütterungsbedingt, ist als Erstes die Futterration neu zu überdenken und zu ändern. Bei manchen Gallen ist festes Bandagieren über längere Zeit und Ruhigstellen in einer Box oder einem Paddock sinnvoll, um das Gelenk nicht weiter zu reizen und die Entzündung zum Abklingen zu bringen. Sind Stellungsfehler die Ursache für die Ausbildung der Gallen, ist ein Huforthopäde zur Behandlung nötig.

Homöopathie: Möglich sind Distorsal (Biokanol) oder Apis, Arnica, Bryonia in Tiefpotenz. Begleitend werden Kombinationsmittel zur Drainage verabreicht wie beispielsweise Solidago compositum ad us. vet. (Heel), Berberis-Homaccord ad us. vet. (Heel) oder ReVet 18 (Reckeweg).

Schüßler Salze: Calcium fluoratum (1), Calcium phosphoricum (2), Ferrum phosphoricum (3), Kalium chloratum (4), Kalium phosphoricum (5), Natrium chloratum (8), Natrium sulfuricum (10) und Calcium sulfuricum (12).

Akupressur: Der Punkt Dickdarm 16 wirkt positiv auf die Gelenke.

Wann zum Therapeuten?

Zur Abklärung der **Ursache** einer Galle und ihrer Entstehung ist es sinnvoll, den Tierarzt zu rufen, der möglicherweise das Gelenk röntgen muss. Vor allem wenn die Galle eine Lahmheit hervorruft, muss unverzüglich gehandelt werden.

Vorbeugung

Da die Ursache für die Entstehung der Gallen meist auf den mechanischen Reizen besteht, sind nicht nur Verbände oder Gamaschen, zu dünne Einstreu in der Box, Rangeleien in der Herde, Transportfehler, sondern auch oft eine Überbelastung des Pferdes mögliche Gründe für deren Ausbildung. Gerade das fehlende Aufwärmen vor dem Reiten, das mangelhafte Training, zu frühes Anreiten des jungen Pferdes oder Nichtbeachtung der Bodenverhältnisse sind hier wichtige Auslöser. Auch eine fehlerhafte Stellung und Winkelung der Beine und Gelenke kann eine Rolle spielen. Bei Jungpferden sind Bewegungsmangel und Fütterungsfehler zu vermeiden.

Überbeine

Oft treten Prellungen im unteren Beinbereich auf, die zu Blutergüssen und Verletzungen der Knochenhaut führen, denn die Knochen liegen hier ungeschützt unter der Haut. Diese Verletzungen können durch Tritte oder Anschlagen hervorgerufen werden. Aber auch eine Überbelastung kann zum Entstehen eines Überbeines führen. Der Organismus hat das Bestreben diesen Schwachpunkt oder Verletzung zu stärken und bildet hier mehr Knochensubstanz, das Überbein, auch Exostose genannt.

Sonderformen sind hier die **tiefe Schale**, eine Exostose im Hufgelenk, und die hohe Schale, eine Exostose im Krongelenk.

Krankheitsbild

An den betreffenden Beinabschnitten finden sich harte Verdickungen, die anfangs noch schmerzhaft und weicher sind. Eine Lahmheit bildet sich aus, wenn das Überbein die Funktion der Gliedmaßen beeinträchtigt und der Verlauf der Sehnen und Bänder gestört wird.

Selbstmaßnahmen

Frische Überbeine brauchen erstmal Ruhe. Besteht keine Lahmheit, kann selbst behandelt werden.
Homöopathie: Die Kombinationsmittel Distorsal (Biokanol), Traumeel ad us. vet. (Heel), Osteoheel (Heel) oder mit Einzelmitteln die Kombination von Ruta graveolens und Rhus toxicodendron, Arnica, auch Hekla lava und Symphytum, Harpagophytum und zur Durchblutungsförderung Ginkgo biloba (alles in Tiefpotenz).
Schüßler Salze: Calcium fluoratum (1), Ferrum phosphoricum (3), Kalium phosphoricum (5), Natrium chloratum (8) und Silicea (11).
Kräuterheilkunde: Hier ist Massieren mit Beinwell-, Oliven- oder Rizinusöl (täglich zehn Minuten) sinnvoll, Beinwell-Umschläge oder auch Kytta-Salbe aus der Apotheke.

Wann zum Therapeuten?

Besteht eine Lahmheit, sollte der Therapeut gerufen werden, um eine genaue Diagnose zu stellen und den Pferdehalter in der Behandlung zu beraten. Die Gefahr des Überbeins besteht darin, das es später auf andere Strukturen drücken und deren Funktion beeinträchtigen kann. Deshalb ist ein Überbein zwar oft nur ein Schönheitsfehler, kann aber bei weiterer Reizung und Ausweitung problematisch werden.

Vorbeugung

Gegen Tritte von anderen Pferden im Beinbereich als Auslöser für Überbeine ist keine sichere Vorbeugung zu betreiben, wenn die Tiere gemeinsam auf der Weide oder im Auslauf sind. Ausreichend Platz zum Ausweichen und eine verträgliche Herdengemeinschaft verhindern aber viele Verletzungen. Eine andere Ursache für die Entstehung von Überbeinen ist die Überlastung. Hier ist der Reiter und Ausbilder von jungen Pferden gefragt, der überlegt und nicht übereilt mit dem Pferd arbeiten sollte.

Sehnen- und Bänderverletzungen

Die Sehnen und Bänder können wie die Muskeln überdehnt und verletzt werden. Sie können sich entzünden, reißen oder degenerieren. Eine häufige Verletzung ist die Entzündung der oberflächlichen Beugesehne. Alle Behandlungen an Sehnen und Bändern sind **sehr langwierig** und erfordern sehr viel Geduld und Zeit zum Ausheilen. Neben den Sehnen können auch die Sehnenscheiden erkranken. Sie umgeben die Sehnen und können durch äußere Verletzungen, Überbeanspruchung oder im Rahmen von Infekten erkranken.

Krankheitsbild

Neben einer mehr oder weniger ausgeprägten **Lahmheit** stellen wir bei einer Sehnentzündung Schwellung, Erwärmung, Schmerzhaftigkeit und bei offenen Verletzungen natürlich auch eine Wunde am Bein fest. Der „**Niederbruch**“ ist ein teilweiser Riss der Beugesehne, wodurch das Pferd im Fesselgelenk durchtritt. Die **chronische Form** bildet sich nach dem scheinbaren Ausheilen einer akuten Entzündung, wenn die Belastung zu früh wieder einsetzt. Die Sehnen entwickeln Narben und Verdickungen, wodurch ihre Funktion erheblich beeinträchtigt werden kann. Eine Entzündung der Sehnenscheide verursacht ebenso Schwellung und Lahmheit, in der chronischen Form entstehen Sehnenscheidengallen.

Selbstmaßnahmen

Homöopathie: Distorsal (Biokanol), Traumisal (Biokanol), Traumeel ad us. vet. (Heel), Arnica S-logoplex (Ziegler) oder die Einzelmittel Arnica, Apis, Bryonia, Ruta graveolens und Rhus toxiconderon in Tiefpotenz. Bei Bänderschwäche kann man die Mittel Calcium fluoratum, Silicea und Calcium silicicum geben (in einer D12 oder D30 einmal täglich).
Schüßler Salze: Calcium fluoratum (1), Kalium phosphoricum (5), Natrium chloratum (8) und Silicea (11).
Akupressur: Der Punkt Dickdarm 4 lindert die Schmerz und der Punkt Dünndarm 3 wirkt auf die Entzündung. Der Punkt Blase 60 wirkt auf die Sehnen im Allgemeinen.
Kräuterheilkunde: Beinwell kann sowohl verfüttert werden als auch als Umschlag oder Kytta-Salbe (Kytta) eingesetzt werden. Die Acetatmischung von Dr. Schaette kann als Brei oder Paste aufgetragen werden. Der Zusatz von Arnika-Tinktur verbessert die Wirkung der Umschläge.

Extra-Tipp

Muschelextrakte (Glykosaminoglykane) gibt es im Fachhandel in vielen Formen, sie wirken positiv auf den gesamten Bewegungsapparat.

Wann zum Therapeuten?

Hier ist besonders die aufmerksame Beobachtung des Pferdes und seiner Bewegungsabläufe wichtig. Schon leichte, kaum merkliche Veränderungen können auf einen Sehnen- oder Bänderschaden hinweisen und müssen **sofort behandelt** werden. Das Pferd soll sofort ruhig gestellt werden. Tritt eine Lahmheit plötzlich auf, ist meist ein Trauma wie ein Sturz, ein Vertreten oder Schlag die Ursache und auch hier gilt sofortiges Ruhigstellen und einen Therapeuten rufen.

Vorbeugung

Ein gut trainiertes Pferd hat einen gestärkten Bewegungsapparat und ist unempfindlicher gegenüber der Belastung beim Reiten, Fahren oder Toben auf der Weide. Wichtig ist eine ausreichende Aufwärmphase vor dem Training. Stand das Pferd lange im Stall, kann auch das plötzliche Freilaufenlassen und Toben gefährliche Folgen haben. Besser erst Führen und Schrittarbeit, dann schnelleres Tempo. Eine nur leichte Lahmheit ist ernst zu nehmen, das Pferd soll geschont werden und einem Therapeuten vorgestellt werden! Sehnenschäden benötigen eine sehr lange Zeit zum Ausheilen! Hier ist Geduld gefordert, um nicht bleibende Schäden zurückzubehalten!

Muskelverletzungen

Besonders bei schlecht konditionierten Pferden kann es zu Muskelzerrungen kommen, wenn diese übermäßig beansprucht werden. Dies kann aber auch beim Toben auf der Weide, besonders nach einem Aufenthalt in der Box oder im Paddock, oder bei einem Geländeritt passieren und es kommt zu einer Überdehnung oder Riss einzelner Muskelfasern.

Krankheitsbild

Nun zeigen sich Schmerzen, Lahmheit und Schwellung in den betroffenen Bereichen des Körpers. Die Beule fühlt sich warm und flüssigkeitsgefüllt an und tut bei Berührung weh.

Selbstmaßnahmen

Homöopathie: Kombinationsmittel wie Traumeel ad us. vet. (Heel), Traumisal (Biokanol), Arnica S-logoplex (Ziegler) gegen die Entzündung und die Schmerzen im Muskel. Das Einzelmittel Arnica, Rhus toxicodendron oder Bryonia in Tiefpotenz und zur Ausleitung Nux vomica-Homaccord ad us. vet. (Heel).

Schüßler Salze: Calcium fluoratum (1), Calcium phosphoricum (2), Ferrum phosphoricum (3), Kalium phosphoricum (5), Magnesium phosphoricum (7), Natrium chloratum (8) und Silicea (11).

Akupressur: Der Akupressurpunkt Dünndarm 3 wirkt auf mögliche Entzündungen in den Muskeln, der Punkt Dickdarm 4 wirkt schmerzlindernd. Der Punkt Niere 3 lindert Schmerzen im Bereich der Kruppe und Hüfte. Milz-Pankreas 21 lindert allgemeinen Muskelschmerz.

Kräuterheilkunde:

- **Äußerlich**: Einreibungen mit ätherischen Ölen wie Johanniskrautöl, Öl-Mischungen mit einigen Tropfen Lavendel-, Kamille- oder Rosmarinöl, Baldrianöl. Auch sinnvoll sind warme Umschläge mit Rosmarin oder Thymian oder warme Heublumensäcke. Arnika ist in jeder Form wie etwa Tinktur, Salbe oder Öl empfehlenswert.
- **Innerlich**: Die Gabe von Heilpflanzen, die Leber und Niere stärken und damit die Heilung unterstützen, ist angeraten. Hierzu zählen zum Beispiel Brennnessel, Klebkraut, Klette, Beinwell, Löwenzahn, Mariendistel oder Mädesüß. Baldrianwurzeln (15 g, die Menge langsam steigern, da starker Geruch!) entkrampfen die Muskulatur.

Wann zum Therapeuten?

Bei Muskelverletzungen sollte ein Therapeut gerufen werden!

Vorbeugung

Hier gilt ähnliches wie bei den Sehnen- und Bänderverletzungen oder Gelenkerkrankungen!

Unfälle sind nicht immer zu vermeiden, aber Erkrankungen durch fehlendes Training und Aufwärmen müssen nicht sein, sondern können vermieden werden!

Stoffwechselstörungen der Muskulatur

Der **Kreuzverschlag**, auch **Nierenverschlag** genannt, ist eine Stoffwechselstörung in der Rücken- und besonders Kruppen- und Oberschenkelmuskulatur. Sie ist eine Belastungs-Myopathie und ruft eine mit Schwellung und Lähmung einhergehende Entartung der Muskulatur hervor. Früher hieß sie **Feiertagskrankheit**, da die schweren Arbeitspferde sie nach harter Arbeit und vorangegangener Ruhepause bekamen. In schweren Fällen kann es zu irreversiblen Nierenschäden kommen, im Akutfall auch zu einem akuten Nierenversagen. Die Ursachen sind noch nicht vollständig geklärt.

Krankheitsbild

Die Erkrankung kommt bei oder nach ungewohnter Belastung auf, möglich nach einer Ruhephase und zu viel Futter. Plötzlich tritt Steifheit und Lähmung auf, das Pferd schwitzt, zittert und kann zusammenbrechen, wenn nicht **sofort (!!!) angehalten** wird. Der Puls wie auch die Körpertemperatur steigen an. Das Pferd hat sehr große Schmerzen! Es kann zu einer Verkümmerung der Muskeln kommen, wenn sich diese Anfälle wiederholen.

Selbstmaßnahmen

Das Pferd eindecken, auch warmen Packungen sind auf den Rücken und die Kruppe möglich. Liegt das Pferd fest, ist eine weiche Einstreu wichtig und alle 4 bis 6 Stunden ist die Seite zu wechseln. Keine zu frühen oder zu häufigen Versuche zum Aufstehen fördern oder erlauben!

Homöopathie: Krampflösend wirkt Spascupreel (Heel) und Nux vomica-Homaccord ad us. vet. (Heel). Als Erste Hilfe können Sie auch Aconitum injeel (Heel) geben, dann Arnica in D4 oder D6, Rhus toxicodendron D6 und Bryonia D4. Renes/Calcium comp. PLV (PlantaVet) ist ein Mittel für Nierenkoli-

ken und speziell zur Behandlung des Kreuzverschlags.
Schüßler Salze: Calcium fluoratum (1), Calcium phosphoricum (2), Ferrum phosphoricum (3), Kalium phosphoricum (5), Magnesium phosphoricum (7), Natrium chloratum (8) und Silicea (11).
Bach-Blüten: Sofortige Verabreichung von Notfalltropfen!
Akupressur: Der Punkt Leber 3 löst Muskelverspannungen und kann hilfreich sein. Der Punkt Dünndarm 3 wirkt auf die Entzündung und Dickdarm 4 stark schmerzlindernd. Der Punkt Niere 3 lindert unter anderem Schmerzen im Bereich der Kruppe, auch Milz-Pankreas 21 lindert allgemein Muskelschmerz.
Kräuterheilkunde: Ein warmer Heublumensack oder ein Sack mit gekochten und gestampften heißen Kartoffeln können auf die Muskulatur gelegt werden und lindern Schmerzen und Verspannungen. Arnika-Tinktur unterstützt die Heilwirkung und kann Auflagen und Umschlägen beigefügt werden.

Achtung

Achten Sie bei den Auflagen auf deren Temperatur: nicht zu heiß!

Extra-Tipp

Falls ein Solarium zur Verfügung steht, nutzen Sie dies bei besserem Gesamtzustand des Pferdes! Eine sehr gute Wirkung zeigt hier besonders die Magnetfeldtherapie.

Auch heiße Abgießungen oder Wechselduschen sind möglich. Im Stadium der akuten Entzündung keine Bewegungstherapie und keine Massage, diese verstärken die Entzündung! Fütterung nur für den Erhaltungsbedarf einstellen.

Wann zum Therapeuten?

Sofort anhalten und absitzen! Das Pferd gar nicht mehr bewegen, nicht einen Schritt! Den Transport zurück in den Stall mit dem Hänger organisieren und den **Tierarzt** rufen!

Vorbeugung

Die Fütterung soll dem Bedarf entsprechen und in Ruhephasen reduziert werden. Die Belastung soll regelmäßig und aufbauend sein und nach einer Ruhezeit auch nur langsam gesteigert werden, um einen Kreuzverschlag zu vermeiden. In Pausen während größerer Belastungen beim Reiten soll das Pferd im Rückenbereich eingedeckt werden und bei kaltem Wetter geführt werden, damit es nicht kalt wird.

Die Verfütterung von Brennnesseln, angetrocknet oder als Tee, ist eine empfehlenswerte Kur – besonders für Pferde, die möglicherweise zu einer solchen Erkrankung neigen. Auch Leinsamen oder Leinöl als Zusatz zur Futterration beeinflussen die Muskulatur positiv. Die Versorgung mit Vitamin E und auch mit Selen sollte überprüft und möglicherweise ergänzt werden.

Phlegmone

Eine Phlegmone oder ein Einschuss ist eine eitrige Entzündung der Unterhaut, des Bindegewebes und der Lymphgefäße, die sich flächenartig ausbreitet. Eine Phlegmone entsteht innerhalb von Stunden durch eine Wundinfektion. Phlegmone können überall sitzen, sie werden aber besonders auffallend dick an den Stellen, an denen viel Bindegewebe ist.

Krankheitsbild

Durch die Entzündung schwillt der erkrankte Bereich an, ist heiß und schmerzempfindlich. Bei einer Phlegmone an den Beinen kann Lahmheit entstehen. Im Gegensatz dazu ist ein **Ödem**, eine Wasseransammlung, nicht wärmer als das umliegende Gewebe und ein

Ödem hinterlässt Fingerabdrücke. Das Pferd ist in seinem Allgemeinbefinden gestört, bekommt Fieber und hat einen erhöhten Puls.

Selbstmaßnahmen

Wichtig ist hier Ruhigstellen des Tieres und Wundversorgung. Am besten bringen Sie das Pferd in eine große Laufbox mit weicher Einstreu. Der erkrankte Bereich am Pferd kann mit einer durchblutungs- und resorptionsfördernden Salbe behandelt werden. In der Futterration ist der Eiweißgehalt zu reduzieren und der Erhaltungsbedarf reicht jetzt vollkommen für das erkrankte Pferd aus.

Homöopathie: Die Kombinationsmittel Traumeel ad us. vet.(Heel) oder Traumisal (Biokanol) gegen die Entzündung, in Kombination mit Lachesis compositum ad us. vet. (Heel) bei fortschreitender Entzündung, auch Belladona-Homacord ad us. vet. (Heel), Lachesis/Argentum comp. PLV (PlantaVet), Apis-Homaccord (Heel).

Echinacea compositum ad us. vet. (Heel) zur Stärkung des Immunsystems und Lymphomyosot (Heel) zur Förderung des Lymphsystems. Äußerlich kann eine Lotion mit Arnica und Rhus toxicodendron aufgetragen werden.

Schüßler Salze: Calcium phosphoricum (2), Ferrum phosphoricum (3), Kalium phosphoricum (5), Natrium chloratum (8), Natrium phosphoricum (9), Natrium sulfuricum (10), Silicea (11) und Calcium sulfuricum (12), innerlich und als Brei-Einreibung oder Creme-Gel-Mischung.

Bach-Blüten: Crab apple (10) hilft bei der Heilung und kann innerlich und äußerlich verwendet werden. Bei starken Schmerzen können Sie auch die Notfalltropfen geben.

Akupressur: Zur Linderung der Schmerzen ist es möglich, über den Punkt Dickdarm 4 behandeln. Zur Stärkung des gesamten Immunsystems können Sie über die Punkte Lunge 7, Magen 36 und Niere 3 behandeln.

Kräuterheilkunde: Heilpflanzen zur Förderung des Lymphsystems wie Klebkraut oder Ringelblume, auch harntreibende Heilpflanzen wie Löwenzahn, Sellerie oder Quecke unterstützen die Ausheilung von Phlegmonen. Sie können innerlich verabreicht werden, als Tee oder getrocknet oder frisch. Auch Umschläge oder Packungen sind je nach Ort der Phlegmone möglich. Hier kommen Kamille, Arnika, Ringelblume oder Beinwell infrage.

Extra-Tipp

Umschläge mit Obstessig, essigsaurer Tonerde, Acetatmischung N (PlantaVet) oder Retterspitz sind ebenso denkbar und mit anderen Naturheilverfahren zu kombinieren. Den Umschlägen kann auch ein milder desinfizierender Zusatz beigegeben werden, wie beispielsweise BelaVet (bela Consulting Ltd.) oder kolloidales Silberwasser.

Wann zum Therapeuten?

Ein **Tierarzt** ist wegen der Gefahr einer tödlichen Blutvergiftung immer zu rufen! Die antibiotische Behandlung ist mit naturheilkundlichen Mitteln aber bestens zu ergänzen und zu unterstützen.

Die Ausheilung ohne Folgeschäden wie Vernarbungen oder Hautverdickungen ist mit der Homöopathie gut möglich, bedarf aber einiger Arbeit und genauer Beobachtung des Heilungsverlaufs. Nach dem Abklingen der ersten Schmerzen soll das Pferd im Schritt geführt werden, damit die Schwellung schneller abgebaut werden kann. Die Funktion des Herzens ist zu überwachen, da eine Herzinsuffizienz den Abbau des Ödems verlangsamt.

Vorbeugung

Verletzungen sollen ständig überwacht und sofort behandelt werden, um eine Phlegmone zu verhindern.

Knochenbrüche

Zu Knochenbrüchen kommt es durch direkte oder indirekte Gewalteinwirkung. Ständige leichte Überbelastung führt zu **Mikrotraumen**, später zu Fissuren. Dann reicht ein kleiner Auslöser für einen sogenannten **Ermüdungsbruch**. Bei allen akuten Verletzungen mit großer Schmerzhaftigkeit und wenn das betroffene Bein nicht mehr belastet wird, ist es möglich, dass ein Knochenbruch vorliegt. Je nachdem welcher Knochen in welcher Form gebrochen ist, sind die Therapie und Heilungschance unterschiedlich und die Prognose kann vom Todesurteil bis zu problemloser Ausheilung durch Ruhigstellung reichen.

Krankheitsbild

Ein Pferd mit einem Bruch an den tragenden Beinknochen setzt das Bein nicht mehr ab. Ist man bei dem Bruch dabei, hört man die Fraktur mit einem relativ lauten, klingenden Knacken. Verschobene Brüche machen beim Bewegen ein Krepitationsgeräusch. Bei einem **offenen Bruch** ist die Lage offensichtlich. Bei einem **geschlossenen Bruch** erzeugt die Blutung im Innern eine Schwellung an der Bruchstelle. Ebenso stellt man möglicherweise eine Veränderung der Knochenform oder -stellung oder eine Deformation des betreffenden Gebietes fest.

Selbstmaßnahmen

Homöopathie: Als Begleittherapie zur besseren Ausheilung des Bruches und Vermeidung von Komplikationen gibt man Traumeel ad us. vet. (Heel), Traumisal (Biokanol) oder die Einzelmittel Arnica, Calcium carbonicum, Calcium fluoratum und Calcium phosphoricum, Symphytum oder Hypericum (in Tiefpotenzen).
Schüßler Salze: Calcium chloratum (1), Calcium phosphoricum (2), Ferrum phosphoricum (3), Kalium phosphoricum (5), Magnesium phosphoricum (7), Natrium chloratum (8) und Silicea (11).
Bach-Blüten: Crab apple (10) hilft bei der Heilung des Bruches und kann in Kombination mit anderen Bach-Blüten innerlich oder als Umschlag eingesetzt werden. Die Blüte Olive (23) stärkt die Knochen und den gesamten Bewegungsapparat. In der ersten Schocksituation sind die Notfalltropfen zu geben!
Akupressur: Die Punkte Leber 3 und Dickdarm 4 sind schmerzstillend, Milz-Pankreas 6 ist nach Gliedmaßen-Operationen hilfreich und Milz-Pankreas 21 ist für die Nachbehandlung von Verletzungen gut.
Kräuterheilkunde: Umschläge mit Schwedenkräuter oder Beinwurztinktur, kleines Habichtskraut mit Beinwell und Spitzwegerich unterstützen den Prozess der Ausheilung. Die Verfütterung von frischen oder getrockneten Beinwell-Blättern ist möglich.

Wann zum Therapeuten?

Bei jedem Verdacht auf einen Knochenbruch ist der **Tierarzt** zu rufen! Es besteht **Schockgefahr**! Das Pferd soll **nicht mehr bewegt** werden, denn durch einen Schritt kann sich der Knochen verschieben und den Bruch komplizieren!

Stoffwechselerkrankungen

Zu den Stoffwechselerkrankungen des Pferdes zählen Störungen im Fettstoffwechsel, im Mineralstoffwechsel und im Bereich der endokrinen Organe, wie der Schilddrüse, der Hypophyse (Hirnanhangdrüse), der Nebenniere oder der Bauchspeicheldrüse. Hier soll nur der Bereich der Nebennierenerkrankung beschrieben werden, der in der Praxis häufiger vorkommt.

Überfunktion der Nebennierenrinde, Cushing Syndrom

Diese Erkrankung entsteht durch eine Erkrankung der Hirnanhangdrüse, die eine Hormonstörung hervorruft, oder durch in Form von Medikamenten zugeführtem Glucocorticoid als Entzündungshemmer. Cushing wird beim Pferd zunehmend oft diagnostiziert und durch einen Bluttest abgesichert. Die Erkrankung tritt vor allem bei Pferden über 15 Jahren auf.

Krankheitsbild

Die Symptome sind vielfältig und nicht bei allen Pferden deutlich zu erkennen. Es zeigen sich unter anderem Muskelabbau und Muskelschwäche, wodurch sich ein Senkrücken mit Hängebauch bildet. Das Pferd ermüdet sehr schnell und kann Störungen in der Bewegung zeigen. Auffällig ist besonders das lange, wellige und zottige Fell, das im Frühjahr nicht gewechselt wird oder direkt wieder in übermäßiger Länge nachwächst. Durch das gleichzeitig geschwächte Immunsystem sind vermehrt Infektionen und Eiterungen festzustellen, Wunden heilen schlechter. Aber oft treten auch Hufrehe durch die gleichzeitig bestehende Insulinresistenz und Hufgeschwüre auf. Viele Cushing-Pferde sind mager und haben eine auffallende Verteilung ihrer Fettpolster am Körper. Manche Pferde sind wiederum sehr fett und begünstigen damit unter Umständen eine Erkrankung der Hirnanhangdrüse.

Eine ähnliche Erkrankung wie das Cushing ist das **Metabolische Syndrom**, das eine Zivilisationskrankheit ist, die auf einer lang dauernden Überfütterung beruht. Sie betrifft eher junge Tiere. Diese weisen normales Haar auf, keinen „Winterpelz“ im Sommer wie beim Cushing. Der Verlauf beider Erkrankungen ist schleichend.

Selbstmaßnahmen

Die Fütterung muss umgestellt werden, das Futter darf den Blutzuckerspiegel nicht erhöhen, also kein frisches Gras oder Obst. Es gibt spezielle Kräuterfuttermittel, die sich positiv auf die Cushing-Symptome auswirken. Sie enthalten Mönchspfeffer, Mariendistel, Goldrute, Artischocke, Klette, Klebkraut und Geißraute. Eine Behandlung mit homöopathischen Mitteln soll in Absprache mit einem **Therapeuten** erfolgen. Hier stehen verschiedene Organpräparate in homöopathischer Potenz und Mittel zur Anregung des Stoffwechsels zur Verfügung. Außerdem werden je nach vorliegenden Symptomen entsprechende Einzelmittel oder Kombinationen von Mitteln zusammengestellt.

Wann zum Therapeuten?

Bei einem Verdacht auf das Cushing Syndrom sollten Sie zur Abklärung einen Tierarzt oder Therapeuten rufen, der die Erkrankung diagnostizieren und eine Behandlung einleiten kann. Während der Therapie, die das Pferd sein Leben lang begleiten muss, ist das Pferd immer wieder in seinen Werten zu überprüfen, da die Erkrankung nicht heilbar, sondern nur kontrolliert werden kann.

Nervensystem

Zu den Erkrankungen des Nervensystems zählen unter anderem der Dummkoller, verschiedene Störungen der Koordination von Bewegungsabläufen, sogenannte Ataxien, Lähmungen oder Paralysen, die Borna-Krankheit, Tetanus und Tollwut. Bei diesen Erkrankungen ist immer ein Tierarzt und Therapeut zu Rate zu ziehen und in Absprache mit ihm zu behandeln. Diese Erkrankungen sollen daher mit Ausnahme der Gehirnerschütterung nicht weiter beschrieben werden.

Gehirnerschütterung

Krankheitsbild

Durch eine Verletzung des Schädels durch Stürze, Anrennen gegen ein Hindernis oder Tritte kann eine meist nur kurzzeitige Funktionsstörung mit Bewusstseinsausfall eintreten. Das Pferd stürzt plötzlich zusammen, bleibt liegen und in leichten Fällen erholt es sich nach einigen Minuten.

Selbstmaßnahmen

Homöopathie: Arnica, Belladonna in Tiefpotenz sofort geben, Helleborus in D4 oder D6 für die Folgen, Opium D30 bei starker Benommenheit, später können Sie Arnica oder auch Aconitum noch einmal in einer höheren Potenz wiederholen. Allgemein ist natürlich Traumeel ad us. vet. (Heel), ReVet RV 25 (Reckeweg) oder Cerebrum compositum (Heel) als Erste Hilfe sinnvoll.
Bach-Blüten: Die Notfalltropfen sind sofort und einige Zeit danach zu geben! Rock rose (26) ist die Blüte für akute und bedrohliche Zustände und auch Bestandteil der Notfalltropfen.
Akupressur: Hier ist der Notfallpunkt Lenkergefäß 26 wichtig!

Wann zum Therapeuten?

Wenn sich das Tier nicht nach kurzer Zeit wieder erholt, ist ein Tierarzt zu rufen.

Haut

Die Haut ist schützende Hülle, Regler der Körpertemperatur und hat direkten Kontakt zur Umwelt des Tieres. Dadurch ist sie aber auch Verletzungen und Angriffen aus allen Bereichen ausgesetzt und besonders empfindlich. Haut und Haare sind der Spiegel des Gesamtzustandes des Pferdes und zeigen Erkrankungen, Fehlfunktionen der inneren Organe und des Wohlbefindens an. Die Haut dient dem Organismus außerdem als Entgiftungsorgan zur Ab- und Ausleitung von Schadstoffen und zeigt hier durch mögliche Veränderungen Erkrankungen oder Belastungen an, die sich im Innern des Pferdes abspielen.

Allgemeine Behandlungsmöglichkeiten

Die **Magnetfeldtherapie** ist aufgrund ihrer Wirkung auf den gesamten Stoffwechsel bei allen Hauterkrankungen und bei der Wundheilung sehr zu empfehlen. Bei frischen Wunden kann anfangs ein- bis zweimal täglich für drei Tage therapiert werden. Die Abstände können dann mit fortschreitender Ausheilung verringert werden und es reicht dann einmal täglich alle zwei bis drei Tage zu behandeln.

Die **Bioresonanztherapie** bietet neben der Möglichkeit der Ursachenforschung von Erkrankungen auch die der Therapie mit geeigneten Programmen und Medikamenten. Gerade bei den Hauterkrankungen ist es sehr wichtig, den oft unklaren Grund für die Störung herauszufinden, der in den unterschiedlichsten Auslösern einer Allergie, in Parasiten oder in Störungen des Stoffwechsels bestehen kann.

Bei den **Bach-Blüten** zeigt die Blüte Crab apple (10) eine besondere Beziehung zur Haut. Sie kann bei allen Hautproblemen und Hauterkrankungen eingesetzt werden. Sie können die Blüte innerlich geben oder betroffene Stellen mit dem Blütenwasser abwaschen (10 Tropfen Crab apple auf einen viertel Liter Wasser).

Aus dem Gebiet der **Heilpflanzen** sind Pflanzen wie Klebkraut, Ringelblume, Brennnessel, Knoblauch, Sonnenhut, Thymian oder Mädesüß hilfreich. Diese können als Tee, getrocknete Kräuter, in Form von fertigen Heilkräuter-Mischungen aus der Apotheke oder als fertige Kräutermischung verwendet werden. Als Öle kommen infrage: Ringelblumen-, Lavendel-, Teebaumöl gegen Parasiten oder Pilze; Rosmarin-, Rizinus- oder Klettenöl zum Nachwachsen der Haare.

Extra-Tipp

Obstessig kann dem Kraftfutter beigefügt werden oder man reibt erkrankte Hautstellen damit ein. Als Futterzusatz sind auch Argan-, Lein- oder Nachtkerzenöl wertvoll. Schwarzkümmel als Schwarzkümmelkuchen kann der Ration zugesetzt werden.
Seealgen enthalten sehr viele Mineralstoffe und Spurenelemente und unterstützen den Hautstoffwechsel. Kieselerde und Biotin sind ebenso wertvolle Ergänzungen einer Ration für Pferde mit Hautproblemen.

Haarausfall, Alopezie

Beim Pferd kann ein intensiver Haarverlust bis zur Kahlheit auf großen Körperstellen oder dem ganzen Körper auftreten. Die Ursachen können in Druckstellen, Ernährungsfehlern, Vergiftungen, Störungen im Stoffwechsel beziehungsweise im Hormonhaushalt oder Parasiten liegen. Fieberhafte Infektionen können die Haut auch so sehr schwächen, dass es zu Haarausfall kommt. Der Befall mit Milben, Bakterien oder Pilzen kann ebenso wie das Sommerekzem das

Erscheinungsbild eines Haarausfalls hervorrufen.

Krankheitsbild

Der krankhafte Haarausfall hinterlässt im Gegensatz zum normalen Haarwechsel kahle Haut und nicht das neue Fell. Meist verliert das Pferd am ganzen Körper die Haare, manche Pferde verlieren sie nur auf einzelnen und umschriebenen Flecken, die später beim Zusammenfließen Muster bilden. Haarausfall kann mit Juckreiz und Veränderungen der Haut verbunden sein.

Selbstmaßnahmen

Ist die Ursache für die Alopezie zu erkennen, muss diese natürlich zuerst abgestellt werden oder ein Therapeut gerufen werden. Bei allgemeinem Haarausfall ist die ursächliche Erkrankung zu behandeln, beispielsweise eine fieberhafte Infektion, eine Verdauungserkrankung oder eine Mangelsituation. Sind Bakterien die Ursache für den Haarausfall wie bei der Dermatophilose, muss die Haltung des Pferdes verbessert werden, da Regen und Schmutz die Ausbreitung fördern.

Homöopathie: Die Kombinationsmittel Cutis compositum (Heel) und Cerebrum compositum (Heel), Sulfur compositum (Heel) oder Schwef-Heel (Heel), Dermisal (Biokanol), China-Homaccord (Heel) und Coenzyme compositum ad us. vet. (Heel) kommen bei einem Haarausfall nach Erkrankung zum Einsatz. Die Auswahl des dem Tier genau entsprechenden **Typmittels** (Konstitutionsmittel) wird hier von größerem Erfolg sein als die Therapie mit allgemeinen Mitteln, deswegen ist hier die Beratung von einem Therapeuten anzuraten. Gleichzeitig muss die zugrunde liegende Erkrankung für den Haarausfall beachtet und gezielt behandelt werden.

Schüßler Salze: Calcium fluoratum (1), Ferrum phosphoricum (3), Kalium phosphoricum (5), Natrium chloratum (8) und Silicea (11).

Bach-Blüten: Die Blüten Agrimony (1) und Crab apple (10) können die Heilung unterstützen.

Akupressur: Die Punkte Niere 3 und Lunge 7 stärken das Immunsystem und können akupressiert werden.

Kräuterheilkunde:

- **Äußerliche Anwendung**: Anisöl, Lavendelöl oder Teebaumöl können bei einem Befall mit Außenparasiten zum Einsatz kommen. Der Tee aus den Blätter von Nussbaum, Birke und Holunder und einem Stängel Schöllkraut kann für Waschungen verwendet werden.
- **Innerliche Anwendung**: Heilpflanzen wie Quecke, Brennnessel, auch Bockshornklee, Leinsamen, Leinöl oder Schwarzkümmelöl können der Ration zugesetzt werden.

Wann zum Therapeuten?

Wenn die Ursache des Haarausfalls für den Pferdebesitzer nicht zu erkennen ist, muss Rat und Unterstützung bei einem Tierarzt oder Heilpraktiker gesucht werden, um die Auswahl der notwendigen Maßnahmen und Heilmittel zu treffen. Insbesondere der Fütterung sollte besondere Beachtung geschenkt werden und sie gegebenenfalls mit Vitaminen und Mineralstoffen ergänzen. Ist das Allgemeinbefinden gestört, muss natürlich direkt ein Therapeut gerufen werden.

Vorbeugung

Im Bereich der Fütterung muss besonders bei empfindlichen Pferden auf eine ausgewogene Zusammenstellung der Ration geachtet werden. Leinsamen kann selbst aufgekocht werden oder in fertiger Zubereitung mit der übrigen Ration gefüttert werden. Insektenschutz und Sauberkeit sind hier ebenso entscheidend wie richtiges Entwurmen.

Insektenstiche

Krankheitsbild

Vor allem im Sommerhalbjahr können die Insekten eine große Plage für Mensch und Tier werden. Manche Pferde reagieren mit Schwellung, Rötung und Juckreiz auf die Stiche der Insekten, während anderen Pferden dies gar nichts ausmacht.

Selbstmaßnahmen

Bei Problemen mit Insekten muss das Pferd dagegen geschützt werden, indem es möglicherweise über Tag aufgestallt oder ihm die Gelegenheit des Unterstellens in einen Offenstall gegeben wird. Es gibt die unterschiedlichsten Mittel zum Einreiben oder Einsprühen des Tieres, die die Insekten abhalten sollen. Umschläge oder einfaches Bedecken der Stellen mit Heilerde-Brei oder mit Quark lindern den Juckreiz und die Schwellung.
Homöopathie: Alleosal (Biokanol), die Einzelmittel Apis, Ledum, Staphisagria oder Urtica urens in Tiefpotenzen, möglicherweise auch Sulfur D30.
Schüßler Salze: Calcium phosphoricum (2), Ferrum phosphoricum (3), Kalium chloratum (4), Kalium phosphoricum (5), Natrium chloratum (8) und bei Juckreiz zusätzlich noch Natrium sulfuricum (10).
Bach-Blüten: Beech (3) ist eine wichtige Blüte in der Allergiebehandlung und kann bei einer starken Reaktion auf Stiche helfen. Nicht nur Crab apple (10), auch Holly (15) lindert möglicherweise die heftigen Reaktionen auf Stiche. Rock rose (26) ist bei allergischen Reaktionen wichtig und Bestandteil der Notfalltropfen.
Akupressur: Die Punkte Gallenblase 21 und Blase 1 lindern den Juckreiz, der Punkt Milz-Pankreas 21 ist bei einer Hautüberempfindlichkeit hilfreich.
Kräuterheilkunde: Frische, zerriebene Blätter des Spitzwegerichs auf die Stichstelle gelegt, eine praktische Heilpflanze besonders für unterwegs mit dem Pferd, bei Mensch und Tier! Auch Aloe-vera-Gel ist ein prima Helfer. Obstessig oder Grapefruitkernextrakt helfen als Bestandteil der Ration ebenso auf innerlichem Weg gegen schmerzende Stiche.

Vorbeugung

Hier muss individuell nach dem richtigen Insektenschutz gesucht werden. Der beste Schutz ist ein jederzeit frei begehbarer Stall für die Pferde, der sauber und fliegenfrei ist. Ob die Verfütterung von Knoblauch oder den unterschiedlichsten Fliegenabwehrmitteln Erfolg versprechend ist, probieren Sie es aus. Hier gibt es eine Unmenge von Ratschlägen und Tipps, die jeder für sein Pferd und sein eigenes Geruchsempfinden testen sollte.

Nesselfieber, Urtikaria

Nesselfieber ist eine entzündliche Hautreaktion, bei der große und teigige Quaddeln entstehen, die starken Juckreiz hervorrufen. Die Ursache können Insektenstiche, stechende Pflanzen, eine Empfindlichkeit gegen Fremdeiweiß oder eine Arzneimittelallergie sein. Es besteht auch die Möglichkeit einer Futterallergie, selten ist Hitze der Auslöser. Infolge eines Wurmbefalls oder einer Infektionskrankheit ist diese Hauterkrankung ebenfalls möglich.

Krankheitsbild

Die mehr oder weniger großen Quaddeln, die sehr jucken und die innerhalb weniger Minuten bis einiger Stunden entstehen, sind zu sehen. Das Pferd ist unruhig, will sich wälzen und scheuern. Die Atmung ist unter Umständen erschwert, der Puls und die Körpertemperatur erhöht. Da auch die inneren Schleimhäute anschwellen können, ist der Zustand möglicherweise lebensbedrohlich, wenn die Atemwege zuschwellen. Sind die Quaddeln am Kopf, kann es zur Ausbildung eines „Nilpferdkopfes“ kommen. Ist das Nesselfieber sehr stark, ist die Gefahr eines Schocks gegeben und ist lebensbedrohlich.

Selbstmaßnahmen

Allgemein helfen in leichten Fällen Wasser und kalte Umschläge, auch Heilerde oder Quark lindern die Beschwerden. Der Kreislauf des Pferdes muss jedoch immer überwacht werden.

Homöopathie: Die Kombinationsmittel Traumeel ad us. vet. (Heel), Apis-Homaccord (Heel), Alleosal (Biokanol), Dermisal (Biokanol), Histamin-Injeel forte (Heel) mit Urtica-Injeel (Heel) und Psorinoheel (Heel) oder ReVet RV 8 (Reckeweg) gegen die Hautentzündung. Unterstützung der Ausheilung durch Lymphomyosot (Heel).

Schüßler Salze: Ferrum phosphoricum (3), Kalium chloratum (4), Kalium phosphoricum (5), Natrium chloratum (8), Natrium sulfuricum (10) und Calcium sulfuricum (12). Neben der innerlichen Verabreichung ist auch eine Waschung oder Kompresse damit möglich.

Bach-Blüten: Hier können die Blüten Crab apple (10) und Holly (15) gegeben werden. Rock rose (26) kann ihre Wirkung ergänzen, da sie bei allergischen und plötzlichen Reaktionen hilft.

Akupressur: Über die Punkte Blase 1, Gallenblase 20 und Milz-Pankreas 21 kann behandelt werden.

Kräuterheilkunde: Klettenlabkraut (frisch oder getrocknet) verfüttern, Aloe vera als Gel oder Lotion zum Abwaschen oder Auftragen.

Extra-Tipp

Abwaschungen mit Essig, am besten mit Obstessig, etwa eine Tasse voll auf einen Liter Wasser, Übergießungen mit kühlem Wasser je nach der Verträglichkeit des Pferdes oder Heilerde-Umschläge lindern den Juckreiz.

Wann zum Therapeuten?

Bestehen Störungen im Befinden des Tieres, Atemnot, Kreislaufbeschwerden muss unverzüglich ein **Tierarzt** gerufen werden. Helfen in leichten Fällen die gewählten Selbstmaßnahmen nicht, verschlimmert sich der Zustand und sind die Ursachen für die Reaktion der Haut nicht zu erkennen und abzustellen, muss auch ein Therapeut gerufen werden.

Ekzeme

Das Ekzem ist keine einheitliche Erkrankung, sondern der Begriff umfasst viele unterschiedliche oberflächliche Hautentzündungen mit bestimmten gemeinsamen Merkmalen. Diese Entzündungen entstehen durch das Zusammenwirken von äußeren Einflüssen und einer inneren Abwehrschwäche oder einer Allergie. Sie haben oft die Tendenz zu einem chronischen Verlauf. Zu den Ursachen eines Ekzems zählen unter anderem Schmutz, mechanische Einflüsse, Ektoparasiten oder das Einatmen beziehungsweise Aufnehmen von Allergenen, von Allergie auslösenden Stoffen.

Krankheitsbild

Bei einem Ekzem finden wir vielfältige Symptome wie Haarausfall, Rötung, Knötchen, Bläschen, Schuppen oder Krusten und Juckreiz. In das Krankheitsbild des Ekzems fällt das Sommerekzem, eine der häufigsten Hauterkrankungen bei Pferden, vor allem bei Kleinpferden und hier bei den Islandpferden. Aber auch die **Mauke** oder **Raspe** als ein Ekzem der Fesselbeuge beziehungsweise der unteren Beinabschnitte gehört zum Krankheitsbild des Ekzems und hier betrifft es besonders die Pferde mit langem Beinbehang. Der **Mähnen- oder Schweifgrind** tritt oft bei unzureichender Pflege des Langhaars und bei Pferden mit üppigem Haar auf.

Selbstmaßnahmen

Die wichtigste Maßnahme ist das Herausfinden und Abstellen der Ursachen für das Ekzem! Die Optimierung der Haltung, Fütterung und Pflege ist oberstes Gebot und lassen sonst alle Behandlungsversuche ohne Wirkung. Eine Auswahl der passenden Mittel für den Einzelfall ist aufgrund der sehr großen Bandbreite der Erkrankung vom Pferdehalter selbst meist unmöglich und erfordert den Therapeuten.

Heilerde mit Wasser angerührt zu dickem Brei kann auf die Ekzemstellen aufgetragen werden, lindert die Symptome und unterstützt die Heilung.

Homöopathie: Im Rahmen einer Behandlung durch einen Therapeuten sind beispielsweise Sulfur als Sulfur compositum (Heel) oder Schwef-Heel (Heel), Cutis compositum (Heel), Psorinoheel (Heel), Alleosal (Biokanol), Dermisal (Biokanol) oder Derma-logoplex (Ziegler) möglich. Ergänzend wirken Coenzyme compositum ad us. vet. (Heel), Ubichinon compositum (Heel) und eine Kombination von individuell ausgesuchten homöopathischen Mitteln mit einer Eigenbluttherapie. Das Mittel Cardiospermum halicacabum ist ein bewährtes Mittel gegen Sommerekzem und ist auch als Salbe, wie auch die Halicar-Salbe (DHU), in der Apotheke erhältlich. Nach einer Vorbehandlung mit anderen Medikamenten oder auch Cortison kann mit dem Mittel Apis den Organismus wieder empfänglich für eine Behandlung mit der Homöopathie gemacht werden.

Tipp

Wichtig ist immer eine Förderung der Giftausleitung durch die entsprechenden Mittel und Maßnahmen. Dies erfordert die Rücksprache mit einem Therapeuten.

Schüßler Salze: Ferrum phosphoricum (3), Kalium sulfuricum (6), Magnesium phosphoricum (7), Natrium sulfuricum (10) und Calcium sulfuricum (12), als innerliche Gabe und als Waschung. Bei chronischem Juckreiz Natrium sulfuricum (10).

Bach-Blüten: Unterstützende Bach-Blüten können Agrimony (1), Beech (3), Centaury (4), Chesnut bud (7) und Clematis (9) sein.

Akupressur: Der Akupressurpunkt Niere 3 stärkt das Abwehrsystem des Pferdes. Den Juckreiz lindern die Punkte Blase 1 und Gallenblase 21, der Punkt Milz-Pankreas 21 hilft bei der vorliegenden Hautüberempfindlichkeit.

Kräuterheilkunde: Hier können Johanniskrautöl oder verdünnte Tinktur des Johanniskrautes zum Auftragen helfen, Tee aus Kamille oder Brennnessel zum Auftragen oder über das Kraftfutter geben, Klettenlabkraut, Bärlauch, Ehrenpreis, Buchweizen und andere. Es gibt eine Vielzahl von Zusatzfuttermitteln speziell für Hautprobleme auf dem Futtermittelmarkt, hier findet sich bestimmt auch für Ihr Pferd das richtige Futter. Die Auswahl erleichtert ein Futtermittelberater oder auch ein Bioresonanz-Therapeut, der das passende Futter austesten kann. Die Aloe vera ist in vielen Formen anwendbar, vom Frischsaft über Gel, Salbe oder Lotion und Pulver. Abkochung von Eichenrinde oder der Malve kann als Umschlag dienen. Auch Grüner Tee kann innerlich und äußerlich eingesetzt werden.

Extra-Tipp

Allergien als Krankheitsursache sind auf dem Vormarsch, das Sommerekzem beschränkt sich nicht nur auf die Islandpferde, auch andere Pferderassen zeigen allergische Reaktionen. Die Allergien zeigen sich nicht nur auf der Haut, sondern können sich auch im Bereich der Atemwege oder der Verdauung niederschlagen und Krankheitszeichen auslösen. Propolis ist hier als ein homöopathisches Mittel oft sehr hilfreich!

Wann zum Therapeuten?

Ist die Ursache des Ekzems nicht klar und abzustellen und breitet sich das Ekzem aus oder verschlimmert sich der Zustand des Pferdes, soll ein erfahrener Therapeut gerufen werden, der eine individuelle Analyse und Therapie durchführt. Hier sind besonders die Naturheilverfahren wirkungsvoll!

Verletzungen und Wunden der Haut

Oberflächliche und kleine Wunden kommen im Alltag der Pferdehaltung vor, sie sollten behandelt und beobachtet werden, um eine Entzündung oder Narbenbildung zu verhindern.

Besonders im Sommerhalbjahr müssen Verletzungen wegen der Insekten und der durch sie möglichen Infektion sehr sorgfältig behandelt werden! Vor allem Verletzungen an der Hornkapsel, in der Fesselbeuge, an den Gelenken sowie am Kopf sollen behandelt und beobachtet werden.

Krankheitsbild

Dem Pferdebesitzer fallen Verletzungen meist durch die entstehende Blutung oder Flüssigkeitsaustritt (Gelenkverletzung) und Schwellung der betroffenen Stelle auf. Bei einer Wunde, die an einer verdeckten Stelle liegt, beispielsweise unter der Mähne, im Fesselbereich oder an der Innenseite der Schenkel, kann es zu einem anfänglichen Übersehen der Verletzung kommen. Diese heilt entweder problemlos ohne menschliches Zutun ab oder sie entzündet sich und wird durch die vermehrte Wärme und Schwellung, Lahmheit oder verändertes Verhalten des Pferdes sichtbar.

Bei fortschreitender Entzündung kann sich das Allgemeinbefinden des Tieres verschlechtern und es kommt zu Fieber und Abgeschlagenheit.

Selbstmaßnahmen

Verschmutzte Wunden sollen mit klarem Wasser, Kochsalzlösung, Salzwasser (ein Teelöffel Salz auf einen Liter Wasser), kolloidalem Silberwasser (zehn Milliliter auf einen Liter Wasser) oder einer Jod- beziehungsweise alkoholischen Lösung abgewaschen werden. Bei **Wundtaschen** ist besondere Vorsicht geboten. Hier soll die Verschmutzung herausgewaschen werden, nicht hinein. Abspülen mit Wasser lässt die Verletzung besser erkennen, danach **keine** Wundsprays oder Salben anwenden bis der Tierarzt vor Ort ist und möglicherweise die Wunde nähen muss. Eventuell schneidet man lange Haare im Wundbereich ab, die die Sicht und Behandlung erschweren. Eine genaue Untersuchung der Verletzung lässt auch Fremdkörper erkennen, die entfernt werden müssen.

Homöopathie: Hier stehen uns zahlreiche Mittel zur Wundversorgung zur Verfügung. Da dieses Gebiet der Wundversorgung eines der wohl sehr häufig in Anspruch genommenen ist, eine etwas ausführlichere Beschreibung der Einzelmittel, siehe Tabelle S. 91.

Homöopathische **Kombinationsmittel** zur Behandlung von Wunden ist Traumeel ad us. vet. (Heel), das sowohl innerlich als auch äußerlich (Ampullenform) gegeben werden kann. Weitere Mittel sind Staphylosal (Biokanol), ReVet RV 25 (Reckeweg) oder Arnica S-logoplex (Ziegler).

Als Basisbehandlung dienen Echinacea compositum ad us. vet. (Heel), Lymphomyosot (Heel) und Mucosa compositum ad us. vet. (Heel), die die allgemeine Wundheilung unterstützen.

> **Tipp**
>
> Das Kombinationsmittel Sangostyptal (Biokanol) enthält Hamamelis und Millefolium und hilft bei der Behandlung unterschiedlicher Blutungen.

Schüßler Salze: Ferrum phosphoricum (3) ist das Erste-Hilfe-Mittel unter den Schüßler Salzen bei allen Verletzungen und Entzündungen. Allgemein bei Verletzungen gibt man Calcium phosphoricum (2), Ferrum phosphoricum (3), Kalium phosphoricum (5)

Einzelmittel zur Versorgung von Verletzungen und Wunden

Homöopathisches Mittel	Beschreibung des Mittels
Apis	Unterstützt den Abbau sich ausbreitender Ödeme.
Arnica	Allgemeines Verletzungsmittel, das bei Blutungen, Quetschungen, Blutergüssen und zur Beschleunigung der Heilung eingesetzt wird.
Belladonna	Wenn sich schon schmerzhafte Abszesse, Geschwülste mit Rötung und Neigung zur Eiterung gebildet haben.
Bellis perennis	Ähnelt der Arnica, ebenso Calendula. Wird besonders bei empfindlicher Haut und reizbaren Tieren bevorzugt.
Calendula	Fördert die Granulation der Wunde, hilft auch bei alten und offenen Wunden, besonders bei Risswunden.
Echinacea	Bei Quetschungen, Bissen und Stichen. Mindert die Sepsisgefahr.
Gunpowder	Eher bei fauligen und eitrigen Wunden sowie bei Gefahr einer Blutvergiftung angezeigt.
Hamamelis	Venöse, dunkelrote Blutungen.
Hepar sulfuris	Bei infizierten Wunden mit einer akuten Eiterung und beginnendem Abszess, wobei der Eiter nach altem Käse stinkt.
Lachesis und Pyrogenium	Entzündung breitet sich aus, schlechte Heiltendenz und Sepsisgefahr.
Ledum	Heilt ebenfalls Stichverletzungen
Millefolium	Hellrote, stetige Blutungen.
Myristica sebifera	Ebenso bei Eiterung, wird als das „homöopathische Messer" bezeichnet.
Silicea	Bei schlechter Wundheilung, bei Eiterung und Fistelbildung. Es fördert zudem das Abstoßen von eingedrungenen Fremdkörpern aus dem Gewebe.
Staphisagria	Bei glatten Schnittwunden oder Stichverletzungen und zur Ausheilung von chirurgischen Eingriffen.

und Calcium sulfuricum (12). Bei Abszessen kann man Natrium phosphoricum (9), Silicea (11) und Calcium sulfuricum (12) geben, innerlich oder als Breieinreibung oder Creme-Gel-Mischung. Narben können durch Calcium fluoratum (1) wieder gemildert und weicher gemacht werden.

Bach-Blüten: Bei größeren Verletzungen ist es sinnvoll, dem Pferd einige Tropfen der Notfalltropfen zu geben. Die Blüten Holly (15) und Honeysuckle (16) können bei schlecht heilenden Verletzungen verabreicht werden.

Akupressur: Die Punkte Niere 3 und Lunge 7 stärken das Abwehrsystem des Pferdes und unterstützen damit die Ausheilung.

Kräuterheilkunde: Hier können Sie Arnika als Tinktur oder Salbe, Johanniskrautöl (alles nicht auf offene Wunden!), Kamille als Tee, Ringelblume als Tinktur oder Salbe, Aloe-vera-Waschlotion, Wundumschläge aus Tee mit Salbei, Schafgarbe, Weidenrinde und Osterluzei einsetzen. Die virginische Zaubernuss (Hamamelis) wirkt bei lokalen Entzündungen zusammenziehend und heilend. Sie gibt es als Fertigpräparat in der Apotheke. Auch Echinacea, der Sonnenhut, ist zur Stärkung der Abwehrkräfte bei allen Verletzungen und Entzündungen in den verschiedensten Anwendungsformen erhältlich.

Wann zum Therapeuten?

Alle größeren, klaffenden und stark blutenden Wunden sind ein sofortiger Fall für den **Tierarzt**! Auch Taschen- oder Stichverletzungen müssen tierärztlich versorgt werden und der Impfstatus für **Tetanus** überprüft werden! Gelenkverletzungen sind besonders dringlich, sie erfordern umgehend den Tierarzt und sollten bis zu seinem Eintreffen keimfrei abgedeckt werden. Starke **Blutungen** müssen gestillt werden. Dies ist meistens mit einem Druckverband möglich, und wenn nicht, muss von Hand ein Druckpolster festgehalten werden bis der Tierarzt eintrifft.

Parasiten

In jedem Pferd leben Parasiten, die **Endoparasiten**. Das sind zum einen die Würmer oder Helminthen, die den Magen und Darm, die Lunge, die Leber, Muskulatur und Bänder und Gefäße befallen und zum anderen die Protozoen, die Einzeller, wie Toxoplasmen oder Kokzidien. Hier sind besonders Jungtiere über die Mutterstute gefährdet. In den anderen Alterstufen sind sie nur bei Abwehrschwäche und einer allgemeinen Erkrankung ein Problem und auch dann erst behandlungsbedürftig.

Die **Ektoparasiten** befallen als Schmarotzer die **Haut des Pferdes**. Zu ihnen gehören die Spinnentiere mit den Zecken und Milben und die Insekten mit den Haarlingen und Läusen.

Krankheitsbild

Das Erscheinungsbild eines Befalls mit **Innenparasiten** ist abhängig von der vorherrschenden Art der Parasiten. Allgemein fällt aber eine geringere Leistung auf, Blutarmut, schlechter Fellzustand, Durchfall, Verstopfung oder auch Kolik, später Abmagerung. Es kann auch zu Lungenentzündung, Leberschäden, Nervenschädigungen, Lahmheit oder Wunden kommen. **Ektoparasiten** rufen meist Juckreiz hervor und fallen dadurch auf. Der Juckreiz entsteht durch die Bewegung der Parasiten oder durch deren Stoffwechselprodukte. Die Pferde scheuern sich und die betroffenen Hautstellen können durch eine Bakterieninfektion mit Eitererregern zusätzlich erkranken. Es kommt zum Haarbruch und zum Haarausfall. Möglich ist auch das Auslösen einer Allergie oder das Entstehen einer Anämie.

Selbstmaßnahmen

Hier ist sind Naturheilmittel zu wählen, die der Stärkung der Widerstandskraft dienen. Allgemein gelten die Prinzipien der Sauberkeit und Hygiene. Wichtig sind eine gute und ausgewogene Fütterung und Beachtung der Grundsätze in der Pferdehaltung, im Bereich der Endoparasiten besonders die der Weidepflege. Ist das Pferd aus welchen Gründen auch immer in seinem Immunsystem und seiner Darmflora geschwächt, ist es anfällig gegen alle Arten von Parasiten, natürlich auch gegen Krankheitserreger. Ektoparasiten können auf dem Pferd und in seiner Umgebung bekämpft werden. Lassen Sie sich am besten vom Tierarzt oder einem erfahrenen Therapeuten beraten. Obstessig ist eine äußerlich und innerlich wirksame Behandlung gegen Parasiten.

Homöopathie: Dermisal (Biokanol), Sulfur in tiefen und mittleren Potenzen, Rhus toxicodendron in D30 und Cantharis in tieferen Potenzen stabilisieren die Haut. Abrotanum in Tiefpotenzen für eine Woche einmal täglich gegeben unterstützt den Körper gegen Innenparasiten, dasselbe gilt für China in Tiefpotenz. Als Nachbehandlung und zur Erholung nach starkem Parasitenbefall gibt man dem Pferd China in Tiefpotenz für eine Woche ein- bis zweimal täglich.

Schüßler Salze: Ferrum phosphoricum (3), Kalium phosphoricum (5) und Natrium chloratum (8).

Bach-Blüten: Die Blüte Centaury (4) hilft unterstützend.

Akupressur: Die Akupressurpunkte Niere 3 und Lunge 7 wirken stärkend auf das Abwehrsystem.

Kräuterheilkunde: Hier sind besonders ätherische Öle wirksam, die tropfenweise mit einem Trägeröl gemischt werden, zum Beispiel Teebaum-, Lavendel- oder Anisöl. Diese dann auf die befallenen Stellen einmassieren. Grapefruitkernextrakt unterstützt die Entwurmung und heilt Pilzerkrankungen aus. Die Gabe von Meerrettich kann die Wurmkur unterstützen und man verfüttert ihn zwischendurch als Kur.

Wann zum Therapeuten?

Sind Sie sich bei der Diagnose der Parasiten unsicher, ziehen Sie einen Therapeuten zu Rat, der Ihnen weiterhilft und die entsprechenden Behandlungsmittel geben kann. Alle Parasiten schwächen das Tier, viele können auch die anderen Pferde oder den Menschen anstecken.

Hier ist schnelle Abhilfe vonnöten! Eine chemische Behandlung oder Bekämpfung von Innen- und Außenparasiten ist nicht immer zu vermeiden, Naturheilverfahren ergänzen diese Maßnahmen aber sinnvoll und sind hilfreich in der Nachbehandlung.

Vorbeugung

Ein geschwächtes Abwehrsystem erleichtert innerlichen wie auch äußerlichen Parasiten das Eindringen und eine Vermehrung in oder auf ihrem Wirt, dem Pferd. Daher dienen alle Maßnahmen der Stärkung des Immunsystems der Widerstandskraft gegen die Parasiten!

Ein gewisser Besatz an Innenparasiten ist aber durchaus gesund und normal! Es gibt kein hundertprozentig wurmfreies Pferd, nur der Überbesatz schädigt das Tier. Wurmkuren sollen deshalb nur gezielt und wohl überlegt eingesetzt werden, nicht als Rundumschlag und nach dem Motto „viel hilft viel". Hier helfen Untersuchungen des Kotes auf Endoparasiten eine gezielte Behandlung mit passenden Mitteln! Die Art der Haltung des Pferdes und die Sorgfalt bei der Pflege der Weiden haben entscheidenden Einfluss auf die Gefahr einer übermäßigen Verwurmung. Also, saubere Ställe und Ausläufe oder Weiden durch Absammeln der Pferdeäpfel, Mischbeweidung mit Rindern, Neuzugänge erst entwurmen vor der Eingliederung in die Herde und Ähnliches.

Verhaltensauffälligkeiten

Das Verhalten des Pferdes kann gestört oder krankhaft verändert sein, wenn **neurologische Erkrankungen** aufgrund einer Infektion, einer Verletzung oder Degeneration vorliegen. Aber genauso gut ist es möglich, dass die **psychische Belastung** für das Tier zu groß geworden ist.

Dies ist bei den meisten Haltungsbedingungen nur allzu verständlich, denn auch die Offenstallhaltung ist immer noch beengter und eintöniger als das Leben in freier Natur und die Nutzung durch den Menschen ist oftmals Stress für die Pferdeseele. Die enge Bindung zwischen Pferd und Mensch bringt es in manchen Fällen mit sich, dass das Pferd die Probleme, Sorgen, Krankheiten, Verhaltenszüge des Besitzers übernimmt. Oft wird das Pferd in seiner Rolle als Freizeit- und Sportkamerad nicht mehr als Tier, sondern als Kind- oder Partnerersatz vermenschlicht. Seine Natürlichkeit und seine Ansprüche an die Haltung werden nicht beachtet oder übergangen und die Folgen sind dann unübersehbar.

Allgemeine Behandlungsmöglichkeiten

Bei allen psychischen Störungen ist ein erfahrener **Therapeut** gefragt, der das individuelle Mittel des Pferdes aus dem Bereich der **Homöopathie** und der **Bach-Blüten** herausfinden kann. Hier ist der Laie überfordert ein passendes Mittel zu ermitteln und die genannten Mittel sind nur als Anregung zu verstehen. Mithilfe der **Bioresonanztherapie** kann das Pferd ganzheitlich unterstützt und die Gesamtsituation, vor allem der Psyche, verbessert werden. Es gibt noch eine Vielzahl anderer energetischer Heilmethoden, die hier weiterhelfen, die jedoch individuell ausgewählt werden müssen. Erfahrene Therapeuten helfen hier sicher mit Rat und Tat weiter.

Stereotypien

Zu den Stereotypien, das heißt zu den Verhaltensmustern, die sich ohne erkennbaren Grund immer wiederholen, zählen bei den Pferden das Koppen, Zungenspielen, Weben, Boxenlaufen und bestimmte Formen des Headshaking. Früher waren dies „Untugenden" und „Unarten", aber diese Verhaltensauffälligkeiten resultieren aus Haltungs- und Managementfehlern in der Pferdehaltung und gehen zu Lasten des Menschen, nicht des Tieres. Aber auch Ereignisse in der Vergangenheit des Tieres können trotz der Beseitigung dieser Ursachen und bei verbesserter Haltung weiter bestehen und sind bei vielen Tieren dann nur schwer aufzulösen.

Homöopathie: Spascupreel (Heel) und Zincum valerianicum-Injeel (Heel) können die Unruhe in der Box mildern. Gegen Koppen und Zungenschlagen kann Zincum metallicum-Injeel (Heel) und Stramonium-Injeel (Heel) probiert werden. Gegen Weben können Tarantula-Injeel (Heel) mit Zincum metallicum-Injeel (Heel) und Spascupreel (Heel) helfen. Bei Headshakern kann man bei nervlicher Ursache der Erkrankung die Mittel Colocynthis Homaccord (Heel) und Cerebrum compositum (Heel), bei viraler Ursache Engystol ad us.vet. (Heel) mit Cerebrum compositum (Heel) und Coenzyme compositum ad us.vet. (Heel) und Ubichinon compositum(Heel) versuchen. Hier sollte ein erfahrener Therapeut im Einzelfall das homöopathische Einzelmittel oder ein Kombinationsmittel für das Pferd auswählen und die Behandlung begleiten.

Bach-Blüten: Hier können Agrimony (1), Cherry Plum (6), Chesnut bud (7), Clematis (9), Hornbeam (17), Impatiens (18) oder Vervain (31) helfen.

Aggressivität

Wir unterscheiden zwischen Aggressivität gegen andere Pferde oder gegen andere Tiere oder den Menschen. Innerhalb einer Pferdegemeinschaft ist eine gewisse Aggression aufgrund der Dominanz und der Rangordnung in der Herde normal und sinnvoll. Rangniedrige Tiere müssen immer Platz zum Ausweichen haben und eine gewisse Beständigkeit in dem Aufbau und in der Zusammenstellung einer Herde oder Gruppe ist empfehlenswert.

Bei Stuten mit Fohlen ist es natürlich, wenn diese sich aggressiv gegen andere Pferde oder auch den Menschen verhalten.

Gegenüber dem eigenen Fohlen zeigen manche Mutterstuten aber ebenfalls ein aggressives Verhalten. Wenn dies nicht nur beim ersten Abfohlen oder den ersten Saugversuchen des Fohlens vorkommt und durch kurzfristige Hilfestellung des Menschen behoben werden kann, ist das Problem größer.

Zeigt das Pferd gegenüber dem Menschen ein aggressives Verhalten, kann es daran liegen, dass der Zweibeiner in der Rangordnung unter dem Pferd gelandet ist oder dass das Pferd nicht dominant reagiert, sondern ängstlich und unsicher und nur aus der Not heraus aggressiv zu handeln scheint. Beide Formen müssen auseinander gehalten werden und ganz verschieden angegangen werden.

Bei überängstlich-bösartigen Pferden kann vor der Stresssituation eine Ampulle Hyoscyamus-Injeel die Spannung mildern. Aurum-Injeel (Heel) hilft Pferden, die bei Widerstand sehr zornig und aggressiv werden.
Bach-Blüten: Beech (3), Cherry plum (6) und Heather (14) können ausgewählt werden. Holly (15) passt auf Pferde, die, wenn ihnen etwas nicht gefällt, mit unkontrollierter Aggression oder Wut, mit Angriff und Streit reagieren. Vine (32) kann bei Tieren mit Problemen mit der Autorität des Menschen haben, die selbstsicher und aggressiv sind, eingesetzt werden.
Akupressur: Mit dem Punkt Leber 3 ist es möglich, die Aggression zu mildern. Der Yin-Yang-Ausgleich kann ebenfalls zur Harmonisierung des Pferdes beitragen.

Ängste

Normalerweise reagiert jedes Pferd auf eine angstauslösende Situation mit Flucht oder, wenn dies nicht möglich ist, mit Angriff. Die natürliche Angst kann aber auch sehr von der Norm abweichen und damit in Richtung Phobie gehen. Die Ursache liegt meist in einem Trauma, zum Beispiel bei Unfällen mit Fahrzeugen oder beim Verladen.
Homöopathie: Aconitum-Injeel (Heel) hilft bei großer Furcht und Angst, die eine Folge von einem Schreck oder Schock sind. Das Mittel Coffea-Injeel (Heel) hilft gegen Ängste der Aufregung. Hat das Tier eher ein Problem mit Platzangst, Angst vor dem Betreten des Hängers oder einer Box, kann man die Kombination Phosphor-Homaccord (Heel) und Hyoscyamus-Injeel (Heel) versuchen. Vertigoheel (Heel) mildert die Angst und Nervosität beim Transport. Natrium-Homaccord (Heel) hilft beim „Kleben" des Pferdes und Angst beim Alleingang. Stramonium-Injeel (Heel) passt bei Angst mit Kampfbereitschaft, bei Angst vor dem Alleinsein und vor der Dunkelheit, in geschlossenen Räumen und vor Fremden.
Schüßler Salze: Calcium phosphoricum (6) kann Pferden mit Platzangst helfen und Magnesium phosphoricum (7) entkrampft und beruhigt.
Akupressur: Mit dem Punkt Leber 3 kann die stressbedingte Anspannung gemildert, dieser Punkt wirkt sehr beruhigend bei ungeduldigen und aggressiven Pferden. Der Punkt Niere 3 kann das Selbstvertrauen des Pferdes stärken.
Bach-Blüten: Aspen (2) und Mimulus (20) sind als die „Angstmittel" bekannt, Gentian (12) ist für Pferde mit wenig Selbstvertrauen sinnvoll, Rock Rose (26) hilft bei kopfloser

Panik und bei Schock und die Blüte Vine (32) für die „Anführer-Pferde“, die sich durch Schikanieren und Drohen durchsetzen. **Kräuterheilkunde**: Baldrian beruhigt und entspannt, nimmt aber nicht die Leistungsfähigkeit. Helmkraut ist ideal bei Stress und kann gut mit Baldrian kombiniert werden. Die Tee-Kombination von Hopfen, Baldrian und Lavendel kann Ihr Pferd beruhigen, wenn Sie es einige Tage vor „dem“ Ereignis geben.

Achtung

Vorsicht bei Turnierpferden: Baldrian gilt als Doping-Mittel!

Anerzogene Verhaltensfehler

Bestimmte Verhaltensweisen können verstärkt werden, indem der Mensch sie durch Belohnung, mit Futter oder Lob verfestigt. Dies kann zu Scharren mit den Hufen, Anschlagen gegen die Boxenwand, Wetzen der Zähne an den Gittern, Wiehern oder Aggression führen, und ebenso zu Verhalten, das den Menschen zur Aufmerksamkeit auf das Tier hinlenkt. Dies muss nicht unbedingt angenehm oder lobend sein, das Pferd nimmt auch Bestrafung als Abwechslung zu seinem Boxenalltag auf sich. Hier hilft nur konsequentes Umdenken für den Menschen und viel Geduld, um dem Pferd diese Angewohnheiten wieder abzugewöhnen.

Hopfen

In den handelsüblichen Kräutermischungen ist oft **Hopfen** enthalten. Er hat eine **beruhigende Wirkung**, wirkt auch antiseptisch, appetitanregend, krampflösend, schmerzlindernd und fördert die Verdauung. Hopfen kommt oft in Mischungen mit Melisse und Lavendel oder Kamille vor. Ein Tee nur aus Hopfen oder als Mischung mit anderen Kräutern kann launische, aufgeregte, temperamentvolle Pferde beruhigen und die Anspannung bei einem Transport, einer Umstellung im Stall oder der Herdengemeinschaft oder bei einem Turnier wird abgemildert.

Mutterstute

Im Bereich der Pferdezucht, egal ob sie professionell oder hobbymäßig betrieben wird, ist die Haltung und Fütterung der Stute und später auch des Fohlens von überaus großer Bedeutung. Alles sollte mit größter Sorgfalt überdacht und behandelt werden. Nur bei optimalen Bedingungen kann die Stute tragend werden, eine problemlose Trächtigkeit und Geburt durchstehen und ein gesundes Fohlen aufziehen. Hier wird beim Fohlen der Grundstein für ein ganzes und hoffentlich langes Pferdeleben gelegt. Alle Mühen zahlen sich aus, wenn ein gesundes und kräftiges Pferd heranwachsen kann.

Das **Absetzen** bezeichnet die Trennung der Mutterstute von ihrem Fohlen, also das Entwöhnen des Fohlens von seiner Mutter. Meist werden Fohlen nach einem halben Jahr oder bis zum Alter von einem Jahr abgesetzt. Dies ist davon abhängig, ob die Mutterstute schon wieder trächtig ist, das Fohlen als Hengstfohlen möglicherweise schon recht aufdringlich und stark wird oder das Fohlen eher zart oder eher kräftig ist. Ein zu frühes Absetzen ist natürlich zu vermeiden, denn Stute und Fohlen leiden seelisch und körperlich sehr unter der Trennung. Der Schritt des Absetzens kann schrittweise oder abrupt geschehen. Wichtig für das betreffende Fohlen sind in jedem Fall die restliche Herde und die Gesellschaft von anderen Fohlen sowie optimale Haltungsbedingungen. Während des Absetzens ist die Gefahr einer **Euterentzündung** bei der Mutterstute besonders groß, vor allem wenn plötzlich und relativ früh abgesetzt wird und die Stute noch viel Milch produziert. Hier sollten Sie das Euter sehr sorgfältig beobachten, um rechtzeitig handeln zu können.

Allgemeine Behandlungsmöglichkeiten

Die **Magnetfeldtherapie** ist sinnvoll in der Erholungsphase einer Mutterstute einzusetzen. Bei tragenden Stuten sollte auf diese Behandlungsart verzichtet werden. Aus dem Bereich der **Kräuterheilkunde** ist vor allem die Himbeere zu empfehlen, von der man in der letzten Zeit vor der Geburt der Stute die Blätter frisch oder in Tee-Form geben kann.

Fruchtbarkeitsstörungen

Viele Stuten haben Probleme mit der Fruchtbarkeit. Dies ist so lange nicht von Interesse, wie das Pferd geritten wird und nicht mit der Stute gezüchtet werden soll. Die Störungen der Fruchtbarkeit können auf organischen Fehlbildungen, auf Entzündungen oder Eierstock-Veränderungen durch die Haltung oder Nutzung beruhen.

Krankheitsbild

Man stellt Unregelmäßigkeiten in der Rosse fest. Normalerweise wird die Stute alle 21 Tage rossig und die Rosse dauert dann 2 bis 10 Tage. Die Stute kann abweichend von der Norm keine Rosse zeigen oder auch dauerrossig sein. Es können sich auch Ausfluss aus der Scheide und unregelmäßiger Harnabsatz zeigen.

Selbstmaßnahmen

Mit der Homöopathie kann man versuchen, die Fruchtbarkeitsstörungen zu beheben. Wichtig sind aber auch hier optimale Haltung und Beachtung der psychischen Belastungen der Stute, die meist Ursache für die Störung sind. Es gibt eine Vielzahl von Mitteln in der **Homöopathie**, die hier sehr gute Wirkung zeigen. Mögliche Mittel sind: Apis, Pulsatilla, Sepia, Cimicifuga oder das Kombinationsmittel Hormeel ad us. vet. (Heel).

Aus dem Bereich der **Kräuterheilkunde** kann der Stute jeden Tag 20 Tropfen Bärlapptinktur auf einem Stück Brot gegeben werden. **Wichtig** sind viel Weidegang auf guter Weide, viel Licht und Luft und Bewegung.

Wann zum Therapeuten?

Die Auswahl des passenden Medikamentes ist die Aufgabe eines erfahrenen **Therapeuten**, da die Arzneimittelfindung hier sehr genau sein muss.

Scheidenentzündung

Hier sind meist infizierte Verletzungen, die im Verlauf des Deckaktes oder der Geburt entstanden sind, die Ursachen für Entzündungen. Anatomische Fehler wie ein schlechter Schluss der Scheide oder Haltungsfehler können ebenfalls die Ursache der Erkrankung sein. Die Entzündung kann auch ein Symptom einer Genitalinfektion sein, einer Infektion durch den Deckakt oder einer Erkrankung wie der Beschälseuche, des Bläschenausschlages oder der Deckdruse sein.

Krankheitsbild

Die Scheide ist gerötet, geschwollen oder klaffend. Es zeigt sich Scheidenausfluss der unterschiedlichsten Art, von wässrig über schleimig, eitrig oder blutig oder die Scheide ist nur unauffällig verklebt. Der Harnabsatz kann erschwert sein und die Schleimhaut der Scheide erscheint verändert.

Selbstmaßnahmen

Homöopathie: Als Kombinationsmittel kommen infrage Traumeel ad us. vet. (Heel), Staphylosal (Biokanol) oder Arnica S-logoplex (Ziegler) gegen die Entzündung. Echinacea compositum ad us. vet. (Heel) dient zur Anregung des Immunsystems und Mucosa compositum ad us. vet. (Heel) zur Unterstützung der Heilung in der Schleimhaut.
Schüßler Salze: Ferrum phosphoricum (3) und Natrium phosphoricum (9).

Wann zum Therapeuten?

Hier sollte ein **Therapeut** hinzugerufen werden, um die Ursachen abzuklären und die Behandlung darauf abzustimmen.

Vorbeugung

Schon kleine Verletzungen müssen sorgfältig überwacht werden, um spätere Entzündungen zu vermeiden. Liegen anatomische Veränderungen vor, ist mit dem Tierarzt das weitere Vorgehen zu besprechen.

Gebärmutterentzündung, Gebärmuttervereiterung

Die Gebärmutterschleimhaut kann sich entzünden und infolge auch vereitern, sodass sich der Eiter im Uterus ansammelt. Diese Entzündung kann akut und auch chronisch verlaufen, kann dann allerdings oft die Ursache für Fruchtbarkeitsstörungen darstellen. Oft entsteht das Problem nach dem Abfohlen, wenn Reste der **Nachgeburt** in der Gebärmutter bleiben. Ebenso können eine unhygienische Geburtshilfe oder Haltung der Stute Ursachen der Infektion sein. Durch die sogenannte **Tupferprobe** wird vor dem Decken der Stute die Keimbelastung der Gebärmutter kontrolliert. Die chronische Form einer Gebärmutterentzündung kann bei älteren Stuten vorkommen, die keine Krankheitszeichen zeigen außer häufigem Umrossen.

Krankheitsbild

Eine Gebärmutterentzündung zeigt sich erst im fortgeschrittenen Stadium mit Ausfluss, der schleimig oder eitrig sein kann. Greift die Entzündung um sich und es kommt zur Vereiterung, ist das Allgemeinbefinden der Stute gestört, sie hat Fieber und Schmerzen, der Bauchumfang nimmt möglicherweise zu, der Rücken wird aufgekrümmt, die Stute magert ab und bekommt struppiges Fell.

Selbstmaßnahmen

Homöopathie: Mit Echinacea compositum ad us. vet. (Heel) und Mucosa compositum ad us. vet. (Heel) kann eine positive **Tupferprobe**, das heißt die unerwünschte Besiedlung mit krankmachenden Keimen in der Gebärmutter, oftmals behoben werden, solange keine Entzündung oder Erkrankung vorliegen. Die beiden Mittel werden zwei Wochen lang alle zwei oder drei Tage gegeben. Weitere Mittel bei **Gebärmutterentzündung**: Staphylosal (Biokanol), Caulophyllumlogoplex (Ziegler) oder Lachesis S-logoplex (Ziegler) oder auch Einzelmittel wie Sepia, Sabina, Pulsatilla oder Secale cornutum mit Wirkung auf die Gebärmutter, Lachesis oder Pyrogenium bei Infektion. Unterstützung der Ausheilung der Schleimhaut geschieht mit Mucosa compositum ad us. vet. (Heel). Allgemein bei Entzündungen helfen auch Traumeel ad us.vet. (Heel) oder Arnica S-logoplex (Ziegler). Zur Steigerung der Abwehrkräfte gibt man Echinacea compositum ad us. vet. (Heel).

Hier ist die Beratung zur Auswahl der Einzelmittel mit einem **Therapeuten** angeraten.

Schüßler Salze: Allgemein helfen Ferrum phosphoricum (3) und Kalium sulfuricum (6). Bei wässrigem Ausfluss geben Siee Natrium chloratum (8), bei grünlichem Ausfluss Natrium sulfuricum (10), bei bräunlichem Ausfluss Kalium sulfuricum (6) und bei weißen Ausfluss Kalium chloratum (4).

Kräuterheilkunde: Versuchen Sie einen Tee aus Knoblauch, Sonnenhutwurzel und wildem Indigo.

Wann zum Therapeuten?

Liegt der Verdacht auf eine Gebärmutterentzündung vor, ist der **Tierarzt** zu rufen, der die Stute untersucht und behandelt. Begleitend kann dann mit Naturheilkunde behandelt werden, leichte Fälle in Absprache mit dem Arzt auch alleine mit Naturheilkunde.

Geburt

Die Geburt eines Fohlens ist immer sehr spannend und jedes Mal eine Aufregung und eine Sensation für die Besitzer. Falls möglich, ist eine Überwachung und Kontrolle der Stute zu empfehlen. Oft warten die Stuten aber die Ruhe der Nacht oder eine unbeobachtete Zeit ab und fohlen dann alleine und unbeobachtet. Ideal ist das Abfohlen bei guter Witterung auf der Weide.

Selbstmaßnahmen

Möchten Sie die Geburtsvorbereitungen Ihrer Stute unterstützen, weil es die erste Geburt ist, die letzte Geburt Schwierigkeiten gemacht hat oder das Pferd tragend und aus unbekannter Haltung übernommen wurde, gibt es einige Möglichkeiten dies umzusetzen.

Homöopathie: Arnica oder Sangostyptal (Biokanol) mindern die Gefahr von Blutungen und Infektionen. Kann kurz vor oder während dem Fohlen gegeben werden. Caulophyllum ist das „homöopathische Wehenmittel“ und kann das Abfohlen erleichtern. Es kann gut mit Pulsatilla kombiniert werden und in den letzten ein bis zwei Wochen vor dem Termin der Stute gegeben werden. Cimicifuga ist ein Mittel bei älteren, ängstlichen und aufgeregten Tieren. Als Kombinationsmittel können Caulophyllum-logoplex (Ziegler) oder Caulogravisal (Biokanol) genommen werden.

Schüßler Salze: In den letzten vier Wochen vor der Geburt können Calcium phosphoricum (2), Ferrum phosphoricum (3), Kalium phosphoricum (5), Magnesium phosphoricum (7) und Natrium chloratum (8) sowie Silicea (11) die Vorbereitung der Stute auf die Geburt fördern. Die Milchproduktion unterstützen die Mittel Kalium chloratum (4) und Natrium chloratum (8). Die Rückbildung der Gebärmutter nach dem Abfohlen unterstützen Calcium chloratum (1), Ferrum phosphoricum (3), Kalium phosphoricum (5) und Silicea (11).

Bach-Blüten: Die Blüte Elm (11) kann die Vorbereitung der Geburt für die Stute unterstützen und Wehenschwäche verhindern. Das Fohlen ist bei seiner Geburt kräftiger und vitaler. Gentian (12) bereitet die Stute auf die Anstrengung der Geburt vor und ist vor allem bei Pferden mit wenig Selbstvertrauen passend, da es sie stärkt und beruhigt.

Dem **Fohlen** können Sie nach der Geburt die Blüte Star of Bethlehem (29) geben, das dem Neugeborenen den Eintritt in diese neue Welt erleichtert. Besonders nach einer schweren Geburt oder einer Operation ist die Hilfe dieser Blüte sehr wichtig.

Akupressur: Eine Behandlung des **Fohlens** in den ersten Stunden nach seiner Geburt stärkt die Energie des Neugeborenen. Hier sind die Punkte Magen 36 und Milz-Pankreas 6 passend. Die beiden Punkte werden alle Viertelstunde je dreißig Sekunden akupressiert.

Die **Mutterstute** kann nach der Geburt mit der **Akupressur** unterstützt werden. Die Punkte Milz Pankreas 21 und Dickdarm 4 lindern Schmerzen, Niere 3 unterstützt die Nierenfunktion und Gallenblase 41 die Leberfunktion. Der Punkt Milz-Pankreas 6 verbindet die Meridiane und stärkt über die Milz.

Durch den Yin-Yang-Ausgleich und die Augenakupressur fördern die Regeneration der Gebärmutter und die Milchproduktion der Mutterstute.

Kräuterheilkunde: Der Mutterstute kann ein Tee aus Frauenmantel, Ringelblume, Gänseblümchen über das Futter gegeben werden. Die Heilpflanzen aus dem Gebiet der Verletzungsmittel können auch hier einige Tage nach dem Abfohlen mit dem Futter verabreicht werden, wenn der Eindruck entstand, dass es eine schwere Geburt war und möglicherweise kleine innere Verletzungen entstanden sind.

Nachgeburtsverhalten

Nach dem Fohlen sollte die Nachgeburt innerhalb der **nächsten zwei Stunden** vollständig abgegangen sein. Hier ist die **Kontrolle** des vollständigen Abgangs sehr wichtig, um eine nachfolgende Entzündung der Gebärmutter zu vermeiden. Beim Pferd kommt es eher selten zu einem Nachgeburtsverhalten. Es ist keine eigentliche Krankheit, sondern ein Symptom, das anzeigt, dass eine Störung vorliegt, die durch die verschiedensten Abweichungen vom normalen Geburtsverlauf gefördert wird.

Krankheitsbild

Bei einem Verhalten der Nachgeburt können noch Gewebeteile aus der Scheide hängen oder die abgegangene Nachgeburt ist nicht vollständig. Durch die nachfolgende Entzündung der Reste in der Gebärmutter zeigt sich anhaltender Scheidenausfluss, der sich zunehmend verändert. Das Allgemeinbefinden verschlechtert sich, wenn die Gebärmutterentzündung um sich greift. Es kann zu Komplikationen wie Hufrehe und Blutvergiftung kommen.

Selbstmaßnahmen

In der **Homöopathie** hilft Belladonna in der Anfangsphase der Entzündung, es kann mit Lachesis kombiniert werden. Caulophyllum bewirkt eine Kontraktion der Gebärmutter zum Abstoßen der Nachgeburt, auch Sabina und Secale cornutum wirken auf die Gebärmutter.

Als Kombinationsmittel gibt es Metrovetsan (DHU), Febrisal (Biokanol), Caulophyllum-logoplex (Ziegler) oder Sabina S-logoplex (Ziegler).

Kräuterheilkunde: Verabreichen Sie einen Tee aus Frauenmantel, Löwenblatt (Frauenwurzel), Raute und kanadischer Gelbwurz.

Wann zum Therapeuten?

Sind Sie sich unsicher, ob die abgegangene Nachgeburt wirklich vollständig ist, sollten Sie sich einen Tierarzt oder erfahrenen Züchter hinzurufen, um dies zu kontrollieren.

Bei Nachgeburtsverhalten sollte rechtzeitig ein **Therapeut** gerufen werden, damit eine Entzündung der Gebärmutter und Folgeerkrankungen vermieden werden. Spätestens **nach sechs Stunden** muss eine tierärztliche Behandlung eingeleitet werden!

Euterentzündung

Krankheitsbild

Das Euter der Stute ist warm, geschwollen bis hart und sehr schmerzempfindlich. Euterentzündungen kommen bei Pferden seltener vor, meist im Fall einer Erkrankung des Fohlens, das dann weniger oder nicht mehr trinkt und besonders später beim Absetzen des Fohlens.

Selbstmaßnahmen

Homöopathie: Im Anfangsstadium Aconitum D12 oder D30, dann Belladonna D12 oder D30, allgemein können Sie Phytolacca-Injeel forte (Heel) oder das Einzelmittel Phytolacca D6 geben, kombiniert mit Phellandrium D6. Bei einem Ödem hilft Apis in Tiefpotenz oder Apis-Homaccord (Heel). Als allgemeine Entzündungsmittel gibt man Traumeel ad us. vet. (Heel) oder Lachesis compositum ad us. vet. (Heel), Pyrogenium compositum inject (Dr. Schaette) auch Febrisal (Biokanol) sind möglich.

Äußerlich tragen Sie ein kühlendes Gel oder Traumeel-Gel ad us. vet. (Heel) auf.

Schüßler Salze: Ferrum phosphoricum (3) und Natrium phosphoricum (9). Beim Absetzen des Fohlens geben Sie der Stute Natrium sulfuricum (10).

Kräuterheilkunde: Unterstützend kann eine Paste aus Bolus alba, Obstessig mit Salz und Speiseöl wirken, auch kampferhaltige Eutersalben sind möglich. Arnika- oder Calendula-Tinktur zur Abwaschung (verdünnt), mit einer Quark-Packung kombiniert beziehungsweise Beinwell als Umschlagpaste oder Salbe, ebenso Arnika-Salbe helfen bei einer Euterentzündung.

Wann zum Therapeuten?

Ein Therapeut muss gerufen werden, wenn die Stute Fieber bekommt und das Allgemeinbefinden gestört ist. Hat die Stute ihr Fohlen bei sich und ist dieses noch nicht abgesetzt, muss natürlich besonders und möglichst schnell das Fohlen versorgt werden!

Fohlen

Das neugeborene Fohlen ist durch die Aufnahme der Stutenmilch sofort nach der Geburt, der Kolostralmilch oder Kolostrum, optimal gegen Krankheiten geschützt. Eine Erkrankung ist beim Fohlen immer hochakut und eine sofortige Untersuchung und Behandlung durch einen Therapeuten ist ratsam. Je jünger das Fohlen ist, desto gefährlicher ist eine Erkrankung!

Allgemeine Behandlungsmöglichkeiten

Die **Magnetfeldtherapie** kann besonders bei einer Erkrankung des Fohlens unterstützend eingesetzt werden. Die **Bioresonanztherapie** kann gleichfalls bei allen Fohlenerkrankungen diagnostisch und therapeutisch eingesetzt werden.

Möchten Sie das **Immunsystem** des Fohlens unterstützen, können Sie ihm und der Stute am ersten und vierten Lebenstag eine Ampulle Engystol ad us. vet. (Heel) eingeben.

Als ein allgemeines homöopathisches **Jungtiermittel** gilt Calcium carbonicum, das vor allem bei Fohlen mit Problemen im Knochenbau oder -wachstum und bei häufigen Infektionskrankheiten helfen kann. Das Mittel wird als Injeel (Heel) oder D30 oder D200 ein- bis zweimal im Abstand von einigen Wochen gegeben. Ein erfahrener Therapeut kann aufgrund des Typs und der Konstitution des Fohlens das passende homöopathische Mittel auswählen, das die allgemeine Entwicklung des Jungtieres unterstützt und bei Erkrankungen zusätzlich heilend wirkt.

Hat man das Problem, dass das Fohlen mit der Flasche großzuziehen ist, gibt man täglich sieben Tabletten, aufgeteilt auf die Tagesportion der Fohlenmilch, Calcium chloratum (1), Calcium phosphoricum (2) und Kalium chloratum (4) mit in die Milch.

Darmpechverhalten

Neugeborene Fohlen beginnen ihre Verdauung mit dem Abgang von **Darmpech**, einer schwarzen bis dunkelbraunen und klebrigen Masse, die sich während der Trächtigkeit im Fohlendarm angesammelt hat. Das Darmpech soll **in den ersten 24 Stunden nach der Geburt** abgehen. Probleme können insbesondere bei Hengstfohlen und zu früh geborenen Fohlen auftreten. Die Ursache des Verhaltens kann in einer ungenügenden Aufnahme von Kolostralmilch oder in einer Erkältung des Fohlens liegen.

Krankheitsbild

Kommt es zum Verhalten des Darmpechs zeigen die Fohlen zunehmende Schmerzen und Koliksymptome, sie wirken apathisch und angestrengt und nehmen zunehmend eine typische Haltung mit gekrümmtem Rücken beim Liegen an.

Selbstmaßnahmen

Homöopathie: Geben Sie die Kombination von Nux vomica und Plumbum aceticum, beide in D6, oder die Kombination von Nux vomica, Chelidonium und Colocynthis, alle in D6, alle halbe Stunde gegeben.
Schüßler Salze: Magnesium phosphoricum (7), Natrium chloratum (8) und Natrium sulfuricum (10).

Wann zum Therapeuten?

Nicht zu lange warten, sondern rechtzeitig einen Therapeuten rufen! Einläufe können den Abgang unterstützen, sollten aber fachkundig durchgeführt werden!

Vorbeugung

Es ist auf eine frühzeitige und ausreichende Aufnahme von Kolostralmilch zu achten, die den Abgang des Darmpechs fördert!

Durchfall

Eine Durchfallerkrankung gehört bei Fohlen zu den häufigsten Erkrankungen und kann die unterschiedlichsten Ursachen haben. Eine Erkrankung kann im Rahmen einer Infektion, von Parasitenbefall oder Fehlernährung vorkommen. Besonders junge Fohlen müssen hier unbedingt sehr sorgfältig beobachtet werden!

Krankheitsbild

Durchfall erkennt man entweder am Tier selber, wenn die Region um den After verschmutzt ist, oder am abgesetzten Kot auf dem Boden, der nicht die normale und etwas festere Konsistenz hat. Bei länger anhaltendem Durchfall magert das Fohlen ab, trocknet aus und wird matt, soweit sollte es aber in keinem Fall kommen.

Selbstmaßnahmen

Homöopathie: Als Erste Hilfe Aconitum D30, später Arsenicum album D30 bei Durchfall mit Erschöpfung, Carbo vegetabilis D30 bei schon sehr schlechtem Zustand des Fohlens, auch die Kombination aus Nux vomica-Homaccord ad us. vet. (Heel) mit Veratrum-Homaccord ad us. vet. (Heel) kann hilfreich sein oder das Mittel Dysenteral (Biokanol). China D30 hilft bei der nachfolgenden Erholung vom Flüssigkeitsverlust. Die Auswahl der Mittel sollte möglichst von einem **Therapeuten** begleitet werden!
Schüßler Salze: Ferrum phosphoricum (3), Kalium chloratum (4), Natrium chloratum (8), Natrium phosphoricum (9), Natrium sulfuricum (10) und Calcium sulfuricum (12).

Wann zum Therapeuten?

Der Therapeut muss bei starken und länger anhaltenden Durchfällen gerufen werden, da besonders bei sehr jungen Fohlen die Gefahr des Austrocknens besteht. Hier lieber einmal zu viel als zu wenig und rechtzeitig einen Therapeuten um Hilfe bitten, denn wichtig ist die Auffindung der Ursache für den Durchfall und seine rasche Behandlung bevor Schäden entstehen.

Vorbeugung

Bei Verdacht auf eine Infektion oder einen Fütterungsfehler ist die Verdauung des Fohlens sorgfältig zu kontrollieren. Besonders sehr junge und zarte Tiere müssen überwacht werden.

Der Wurmbefall ist selbst bei gründlicher Weidepflege und Haltung bei Fohlen ein nicht zu vernachlässigendes Thema und soll mit einem Therapeuten besprochen werden.

Nabelinfektion

Eine Entzündung des Nabels kann bei mangelhafter Versorgung des Fohlens vor, während und nach der Geburt vorkommen. Dies ist besonders bei einem dicken Nabelstrang, der zu lange feucht bleibt und sich weniger zusammenzieht, möglich. Auch bei älteren Fohlen kann eine Nabelentzündung bestehen, die unerkannt bleibt, und keine äußeren Anzeichen aufweist.

Krankheitsbild

Es entwickelt sich eine eitrige Entzündung im Nabelbereich, die sich bei fehlender Behandlung ausweitet. Das Fohlen fiebert, wird matt und durch die Blutvergiftung kommt es zu Gelenkentzündungen, Entzündung innerer Organe und möglicherweise zum Tod.

Selbstmaßnahmen

Homöopathie: Im Anfangsstadium kann Aconitum D30, dann Belladonna D30, später Hepar sulfuris oder Myristica sebifera in Tiefpotenz helfen. Auch die Kombinationsmittel Traumeel ad us. vet. (Heel), Staphylosal (Biokanol) oder Lachesis compositum ad us. vet. (Heel) oder auch Pyrogenium compositum inject (Dr. Schaette) sind einzusetzen. Der Therapeut kann den Heilungsprozess mit

der Gabe des jeweiligen Typmittels des Fohlens noch zusätzlich verbessern.
Schüßler Salze: Ferrum phosphoricum (3) und Natrium phosphoricum (9).

Vorbeugung
Hier gilt das Gebot der sorgfältigen **Kontrolle des Nabels**, auch einige Zeit nach der Geburt des Fohlens! Eine **Nabeldesinfektion** ist umstritten und sollte individuell gehandhabt werden.

Fohlenlähme
Diese häufige und oft tödlich verlaufende Infektion befällt nicht nur die Gelenke, sondern kann auch so schnell und stark voranschreiten, dass sie ohne Symptome zum Tod führt. Zu der Infektion kommt es unmittelbar nach der Geburt oder auch bis zu vier Wochen danach (**Früh- oder Spätlähme**). Die Erreger treten durch den Nabel oder durch Nase, Maul oder Augen ein und haben natürlich besonders gute Chancen, wenn das Fohlen kein optimales Abwehrsystem hat.

Krankheitsbild
Es zeigen sich Lahmheit, Schwellung der Gelenke, Entzündung des Nabels, Mattigkeit und Saugunlust, Durchfall und Fieber. Hinzu kommen Durchfall, Atemnot, zunehmende Schmerzen, die die Bewegungen erschweren. Das Fohlen liegt später ausgestreckt auf der Seite.

Selbstmaßnahmen
Homöopathie: Die Kombinationsmittel Traumeel ad us. vet. (Heel), Engystol ad us. vet. (Heel), Viruvetsan (DHU), Staphylosal (Biokanol) oder ReVet RV25 (Reckeweg) oder die Einzelmittel Apis D6, Belladonna D6, Bryonia D6 wirken gegen die Entzündung.

Die Auswahl der Einzelmittel ist mit einem **Therapeuten** abzusprechen.
Schüßler Salze: Ferrum phosphoricum (3), Kalium chloratum (4), Kalium phosphoricum (5), Kalium sulfuricum (6), Natrium chloratum (8) und Calcium sulfuricum (12).

Wann zum Therapeuten?
Bei einem Verdacht auf Fohlenlähme ist sofort der **Tierarzt** zu rufen! Bei einem schnellen Verlauf der Erkrankung setzt die Behandlung oft schon zu spät ein!

Naturheilverfahren können begleitend zur tierärztlichen Therapie laufen.

Vorbeugung
Wichtig sind eine hygienische Umgebung beim Abfohlen und ein möglichst hoher Immunstatus der Mutterstute. Dadurch erhält das Fohlen genügend Abwehrkräfte und die Infektionsgefahr wird verringert.

Pferd im Alter

Ab wann gilt ein Pferd als alt? Es gibt keine festen Grenzen für die Bezeichnung „altes Pferd“. Es ist eher ein subjektiver Eindruck der gesamten Erscheinung des Tieres, die darüber entscheidet, ob es alt ist oder nicht. Jedes Lebewesen kommt mit einer verschiedenen Ausprägung und Entwicklungsmöglichkeit auf die Welt, die mit über den Alterungsprozess entscheidet. Altern ist keine Krankheit, sondern gehört in die Entwicklung eines jeden Lebewesens.

Das Alter bringt für das Pferd gesundheitliche Herauforderungen mit sich, denn meist beinhaltet es Verschleißerscheinungen, die aus der Nutzung als Reitpferd oder in der Zucht resultieren. Aus durchgemachten Erkrankungen können chronische Schäden bestehen bleiben, sich summieren und Stoffwechselstörungen hervorrufen. Der gesamte Organismus kann im Alter empfindlicher werden und die Ansprüche an die Versorgung steigen. Die Haltung muss nun besonders die erhöhten Anforderungen an Schutz und Ruhe bei der Fütterung, ausreichender Bewegung, ausgewogener Futterration, Wetterschutz und Gesundheitskontrolle gerecht werden. Besonders die Zähne müssen nun regelmäßig kontrolliert werden!

Es gibt aber auch Ausnahme-Pferde, die im hohen oder höchsten Alter noch fit und gesund sind, meist wohl weniger Zähne haben als junge Tiere und entsprechend gefüttert werden, aber ohne Schmerzen und Probleme ihr Leben genießen.

Eine naturheilkundliche Therapie kann das alternde Tier schonend und ohne Unterdrückung von Symptomen stärken.

Eine **Magnetfeldtherapie** ist vor allem im Alter eine sehr zu empfehlende Behandlungsart, die bei allen Erkrankungen des Bewegungsapparats und Stoffwechsels hilfreich ist. Die **Bioresonanztherapie** ist gleichfalls empfehlenswert und kann viele Beschwerden erleichtern.

Homöopathie: Bei chronischen Entzündungen kann Traumeel ad us. vet. (Heel) helfen oder bei Arthrosen Zeel ad us. vet. (Heel). Coenzyme compositum ad us. vet. (Heel) und Ubichinon compositum (Heel) wirken auf den Energiestoffwechsel. Hepar compositum (Heel) unterstützt die Leber und Solidago compositum ad us. vet. (Heel) die Nierenfunktion.

Das alternde Herz kann wirkungsvoll mit Herz-Mitteln wie Cactus compositum ad us. vet. (Heel) und Cralonin (Heel) gestützt werden.

Mucosa compositum ad us. vet. (Heel) hilft bei Schleimhauterkrankungen und wird in der Begleit- und Nachbehandlung eingesetzt. Das Mittel Lymphomyosot (Heel) unterstützt die Funktion des Lymphsystems.

Schüßler Salze: Ferrum phosphoricum (3) stärkt die Widerstandskraft des Körpers und kann vorbeugend in belastenden Situationen gegeben werden.

Bei Arthrose helfen Calcium fluoratum (1), Calcium phosphoricum (2) und Ferrum phosphoricum (3), Natrium chloratum (8), Natrium phosphoricum (9) und Silicea (11).

Bach-Blüten: Die Blüte Elm (11) hilft den bisher starken und geforderten Pferden, sich auf die nun ruhigere Zeit einzustellen und ihre körperlichen Schwächen anzunehmen. Honeysuckle (16) und Oak (22) können die Lebensfreude wieder wecken. Olive (23) gibt dem erschöpften, alten Pferd wieder Kraft und Zuversicht. Es stärkt bei jeder körperlichen und seelischen Anstrengung und bringt das Tier wieder in sein Gleichgewicht. Willow (38) passt für ältere Pferde, die meistens schlecht gelaunt und verdrießlich sind.

Akupressur: Mithilfe der Akupressur wird die „Mitte des Pferdes“ gestärkt. Hilfreich sind die Punkte Milz-Pankreas 6, Magen 36 und Niere 3. Die Anwendungen können ruhig häufiger am Tag erfolgen, da der gesamte Organismus verlangsamt ist.

Kräuterheilkunde: Hier sind Brennnesseln als Frühjahrskur, die Sie nach dem Schneiden anwelken oder trocknen können, oder Brennnesseltee über das Kraftfutter sehr sinnvoll. Auch Buchweizen kann dem Pferd zur Stärkung über das Futter gegeben werden. In Kombination mit Weißdorn ergibt die Mischung mit Brennnesseln und Buchweizen eine prima Senioren-Mischung! Ginseng ist als Pulver oder Granulat für Mensch und Tier im Alter ein wirksames Mittel. Auf dem Futtermittelmarkt ist eine Vielzahl von Spezialfuttermitteln, die besonders für ältere Pferde zusammengestellt sind.

Wie alt können unsere Pferde eigentlich werden?

Das natürliche Alter der Pferde liegt sicher über dem heute üblicherweise erreichten Alter unserer Reitpferde, die entweder eines natürlichen Todes sterben oder eingeschläfert werden. Meist halten wir ein über 20 Jahre altes Pferd schon für alt, stellen es auf das Altenteil, teilen ihm nur noch die Aufgabe als Beistellpferd zu oder setzen Kinder zum Spazierengehen auf seine Rücken. Sicher sind die Pferde aus dem Leistungssport oder Turniersport manchmal in diesem Alter „verheizt" und „verschlissen", sind über ihre körperlichen Grenzen beansprucht worden und haben darunter gelitten und Schaden genommen. Aber diese 20 Jahre sind für ein Großpferd erst die Hälfte seiner Lebenszeit, die ihm eigentlich zur Verfügung steht. In der Geschichte kommen immer wieder sehr alte Pferde vor. Ein Beispiel ist das Pferd von Friedrich dem Großen, das 37 Jahre alt wurde. Kleinpferde und Ponys können älter als Großpferde werden, hier sind 30 oder 40 Jahre durchaus normal und die Tiere erfreuen sich auch im Alter bester Gesundheit.

Woran erkenne ich ein altes Pferd?

- trübe Augen oder „Grauer Star" bei sehr alten Pferden
- schlaffe Haut
- weniger Muskeln am Rücken und auf der Kruppe
- Senkrücken und hervorstehender Widerrist
- graue Haare um die Augen, an den Ohren, auf der Stirn oder im Maulbereich
- Lahmheit und Steifheit, aber das Tier „läuft sich ein", auch Probleme beim Aufstehen oder Wälzen durch Arthritis oder Arthrose
- Zahnprobleme, veränderte Zahnstellung, dadurch mögliche Probleme beim Fressen und bei der Verdauung
- Abmagerung
- schlechter Fellzustand und Schwierigkeiten beim Fellwechsel

Service

Die homöopathische Stallapotheke

Eine gut ausgerüstete und gepflegte Stallapotheke darf in keinem Stall oder Haushalt fehlen. Sie soll immer griffbereit und übersichtlich aufbewahrt werden und für Mensch und Tier das Wichtigste und Nötigste beinhalten. So kann in einer Notsituation, am Wochenende und bis Hilfe von außen zur Stelle ist schon gehandelt werden und kleine Verletzungen oder Unpässlichkeiten behandelt werden.

Wichtig

An zentraler Stelle sollten wichtige Telefonnummern von Tierarzt oder Arzt, Hufschmied, Klinik, Polizei und Feuerwehr sowie eine Notfallapotheke oder ein „Erste-Hilfe-Set" zur Hand sein.

Dieses besteht aus Klebeband, Mullbinden, sterilen Wundkompressen, Schere, Pinzette, Dreieckstuch, Bandagen und Bandagierkissen oder Polstermaterial. Wichtig sind aber auch ein Seitenschneider und Hufeisenabnahme-Werkzeug, Strick und Halfter in Reserve, eine Nasenbremse, Fieberthermometer und Taschenlampe.

Immer wieder zu kontrollieren und gegebenenfalls zu ersetzen sind **Augenspülflüssigkeit**, eine **Wundsalbe** und **Wunddesinfektion**, wie zum Beispiel Betaisodona oder eine dreiprozentige Wasserstoffperoxidlösung. Die **Notfalltropfen** oder Rescue-Tropfen der Bach-Blüten sind in Stresssituationen und bei Schock für Zwei- und Vierbeiner zu empfehlen. Aus dem Bereich der **Homöopathie** sind Traumeel ad us. vet. (Heel) für Verletzungen, Crataegus compositum ad us. vet. (Heel) zur Stärkung von Herz und Kreislauf wie auch Spascupreel (Heel) zum Entkrampfen wichtige Notfallmittel. Aus dem Bereich der **Kräuterheilkunde** können Arnika- oder Calendula-Tinkturen oder auch verschiedene Salben zur Versorgung von Verletzungen und Lahmheiten in der Apotheke aufbewahrt werden. Hier sollte aber auf die Haltbarkeit der einzelnen Produkte geachtet werden! Heilkräuter sind aufgrund ihrer recht geringen Haltbarkeitsdauer nicht unbedingt empfehlenswert als Bestandteil einer Vorrats-Apotheke. Colosan (Dr.Schaette) oder Coffea praeparata (Dr.Schaette oder PlantaVet) sind oft hilfreich bei Verdauungsproblemen.

Eine **homöopathische Stall- oder Hausapotheke** umfasst Mittel zur Versorgung von Verletzungen, von Verdauungsstörungen, Herz- und Kreislaufproblemen. Sie kann mit Einzel- als auch mit Kombinationsmitteln bestückt werden. Die in beiden Tabellen auf den Seiten 108 und 109 angegebenen Mittel stellen nur bewährte Vorschläge dar, sie können natürlich beliebig ergänzt werden.

Diese Vorschläge sind recht allgemein gehalten und sollen nur eine Anregung sein, sich eine eigene Apotheke zusammenzustellen! Meist ergibt sich im Laufe der Jahre eine eigene Haus- und Stallapotheke, die mit der Zeit wächst und die im eigenen Umfeld häufig auftretenden Erkrankungen und Notfälle umfasst. Wichtig ist für Akutfälle wie Verletzungen und Blutungen oder auch Koliken gerüstet zu sein, und dies nicht nur mit Arzneimitteln, sondern auch in gedanklicher Form. Das heißt: Was mache ich im akuten Notfall, wie reagiere ich, was tue ich zuerst, was habe ich zur Hand? Hier ist ein Erste-Hilfe-Kurs, der an der Praxis orientiert ist, sehr zu empfehlen! Vielleicht organisieren Sie einen in ihrem Stall oder in Ihrer Stallgemeinschaft oder Reitverein und wappnen sich damit gegen Überraschungen und Notfälle!

Stallapotheke mit Einzelmitteln	
Aconitum napellus D12	Anfangsmittel der Akutentzündung, bei Fieber und Verletzungsschock
Apis mellifica D12	Akut entzündliche Schwellung und Insektenstich, bei Ödemen
Arnica montana D30	Verletzungen, Blutungen, Quetschungen oder Gehirnerschütterung
Arsenicum album D30	Chronische Entzündungen, Durchfallbeginn, Vergiftung
Belladonna D30	Akutes Fieber, Krämpfe, Kolik oder Hitzschlag
Cantharis D12	Brennende Entzündung der Haut, Schleimhaut, Harnwege, bei Verbrennungen und Ekzem
Carbo vegetabilis D12	Kreislaufkollaps, Hitzschlag, Durchfall und Blähungen
China D12	Schwäche nach Krankheit, Durchfall oder Blutung, Atemwegserkrankung
Euphrasia officinalis D12	Augenerkrankungen, Grippe und Schnupfen
Ferrum phosphoricum D30	Fieber und Entzündung, Infektionskrankheiten oder Nasenbluten
Hepar sulfuris D6	Eiterung, Phlegmone, Gelenkentzündung oder Nabelentzündung
Ipecacuanha D12	Krampfhusten, Durchfall, Blutungen, Verletzungsschock
Lachesis muta D30	Blutvergiftung, Phlegmone, Blutungen oder Geschwüre
Ledum palustre D12	Bei Stichwunden, Stichen, Hufrollenentzündung, Gelenkbeschwerden
Mercurius solubilis D12	Eitrige Entzündungen, Drüsenschwellung, Darment
Nux vomica D30	Alle spastischen Zustände, Kolik, Verstopfung, Überfütterung, Hufrehe oder Kreuzverschlag, bei Arzneimittelmissbrauch
Phosphorus D30	Blutungen aller Art, trockener Husten, Bronchitis, Asthma
Pyrogenium D30	Fieber, Blutvergiftung, Entzündung mit schlechtem Allgemeinbefinden, Phlegmone, Durchfall und Grippe
Rhus toxicodendron D12	Erkrankungen des Bewegungsapparates, bei Hautproblemen
Ruta D12	Bei Erkrankungen des Bewegungsapparates, Gelenkschale oder Hufrolle
Silicea D30	Akute und chronische Eiterung und Entzündung, Fremdkörper in der Haut
Sulfur D12	Zur Entgiftung, Zwischenmittel, Hautmittel, bei Ektoparasitenbefall
Veratrum album D30	Krämpfe, Durchfall, Kollapsneigung und Kreislaufschwäche

Zum Thema Erste Hilfe und Notfallapotheke gehört auch das sehr wichtige Gebiet der Vermeidung von Unfällen und Erkrankungen! Hier ist es sinnvoll, die Haltung und Fütterung, den Umgang mit den Vierbeinern zu überdenken und mögliche Ursachen für Verletzungen und Krankheiten von vorne herein auszuschließen!

Stallapotheke mit Kombinationsmitteln	
Traumeel ad us. vet. (Heel)	Als Salbe, Tabletten, Tropfen, Ampullen bei Verletzungen
Echinacea compositum ad us. vet. (Heel)	Fieberhafte und bakterielle Infekte
Engystol ad us. vet. (Heel)	Virusinfektionen im Anfangsstadium
Crataegus-logoplex (Ziegler) oder Cactus compositum ad us. vet. (Heel)	Herz-Kreislauf-Schwäche
Lachesis compositum ad us. vet. (Heel)	Infektionskrankheiten
Nux vomica-logoplex (Ziegler)	Verdauungsprobleme
Spascupreel (Heel)	Krämpfe im Bauchraum, Koliken und Muskelkrämpfe
Solidago compositum ad us. vet. (Heel)	Krämpfe im Bauchraum, Koliken und Muskelkrämpfe

Nützliche Internetadressen

Infos rund ums Pferd

Webseite der Laufstallarbeitsgemeinschaft für artgerechte Pferdehaltung
www.lag-online.de

„Das faszinierende Lebewesen Pferd“ mit allgemeinen Informationen
www.pferdeleben.de

Informationen über Erkrankungen der Pferde
www.pferdekrankheiten.org

„Der Reitertreff im Internet“ mit Infos zum Thema Reiten und Pferd
www.reitforum.de

Internetseite der FN, der Deutschen Reiterlichen Vereinigung
www.pferd-aktuell.de

Informationen über Fütterung, Krankheiten, Rassen und alles rund ums Pferd
www.pferde-wissen.net

Allgemeine Informationen über Pferde
www.pferde.de

Homöopathische Medikamente

Heel
Biologische Heilmittel Heel GmbH
www.heel.de

DHU
Deutsche Homöopathie-Union
www.dhu.de

Ziegler
Franz Ziegler GmbH
www.ziegler-tierarznei.de

Dr. Schaette
Dr. Schaette AG
www.dr-schaette.de

Reckeweg
Pharmazeutische Fabrik Dr. Reckeweg
www.reckeweg.de

Naturheilverfahren

Gesellschaft für Ganzheitliche Tiermedizin
(mit Zeitschrift für Ganzheitliche Tiermedizin aus dem Sonntag-Verlag)
www.ggtm.de

Kooperation der Tierheilpraktikerverbände; Dachverband von DGT, Deutsche Gesellschaft der Tierheilpraktiker und Tierphysiotherapeuten
www.kooperation-thp.de

„Arbeitsgemeinschaft der Tierheilpraktiker" mit allgemeinen Informationen
www.ag-thp.de

Tierheilpraktiker-Seite mit Informationen
www.pferde-doctor.de

„Die ganze Welt der Naturheilkunde"
www.heilpraktiker.de

Informationen über Spezial-Bücher
www.heilbuch.info

Hinweis
Der Verlag Eugen Ulmer ist nicht für den Inhalt von Links verantwortlich.

Weiterführende Literatur

Bartz, J.: Kräuterapotheke für Pferde (2006), Kosmos, Stuttgart

Behling,S./Zink,M.: Massage für mein Pferd – fit durch Physiotherapie (2007), Ulmer, Stuttgart

Bellinghausen, W.: Pferdekrankheiten (1996), Ulmer, Stuttgart

Bender; I.: Praxishandbuch Pferdefütterung (2008), Kosmos, Stuttgart

v. Damsen, B.: Insektenschutz für Pferde (2003), Cadmos, Brunsbek

Feichtinger, T.: Biochemie nach Dr. Schüßler für Pferde (2007), Sonntag, Stuttgart

Gösmeier, I.: Bach-Blüten-Therapie für Pferde (2008), Sonntag, Stuttgart

Gösmeier, I.: Akupressur für Pferde (2005), Kosmos, Stuttgart

Launer, P.: Krankheiten der Reitpferde (2006), Ulmer, Stuttgart

Nassau, R. v.: Hufprobleme beim Pferd (2006), Ulmer, Stuttgart

Pirkelmann, H.: Pferdehaltung (2008), Ulmer, Stuttgart

Quast, C.: Symptomenverzeichnis zur Schüßler-Salz-Therapie für Tiere (2006), Natura Med Verlagsgesellschaft, Neckarsulm

Rüsbüldt, A.: Erste Hilfe für mein Pferd (2000), Cadmos, Brunsbek

Rüsbüldt, A.: Pferde richtig impfen und entwurmen (2001), Cadmos, Brunsbek

Schmelzer, A.: Richtige Pferdefütterung (2005), Cadmos, Brunsbek

Specht, S.: Homöopathie für Pferde (2009), Ulmer, Stuttgart

Traffelet, L.: Meridiantafeln für die Akupressur beim Pferd (2007), Ulmer, Stuttgart

Wittek; C.: Von Apfelessig bis Teebaumöl (2005), Kosmos, Stuttgart

Zeitler-Feicht, M. H.: Handbuch Pferdeverhalten (2008), Ulmer, Stuttgart

Register

Impressum

Hinsichtlich der in diesem Buch angegebenen Dosierungen von Medikamenten usw. wurde die größtmögliche Sorgfalt beachtet. Gleichwohl werden die Leser aufgefordert, die entsprechenden Beipackzettel der Hersteller zur Kontrolle heranzuziehen. Die beispielhafte Auflistung von Medikamenten bzw. Wirkstoffen ist kein Beweis dafür, dass diese in Deutschland zugelassen sind. Der behandelnde Tierarzt/ Therapeut ist aufgefordert, die jeweilige (Zulassungs-)Situation zu überprüfen.

Die in diesem Buch enthaltenen Empfehlungen und Angaben sind von der Autorin mit größter Sorgfalt zusammengestellt und geprüft worden. Eine Garantie für die Richtigkeit der Angaben kann aber nicht gegeben werden. Autorin und Verlag übernehmen keinerlei Haftung für Schäden und Unfälle. Der Leser sollte bei der Anwendung der in diesem Buch enthaltenen Empfehlungen sein persönliches Urteilsvermögen einsetzen.

Bibliografische Information der Deutschen Nationalbibliothek
Die Deutsche Nationalbibliothek verzeichnet diese Publikation in der Deutschen Nationalbibliografie; detaillierte bibliografische Daten sind im Internet über http://dnb.d-nb.de abrufbar.

Wollgrasweg 41, 70599 Stuttgart (Hohenheim)
E-Mail: info@ulmer.de
Internet: www.ulmer.de
Lektorat: Gabi Franz, Antje Springorum
Fachberatung: Simone Specht
Herstellung: Ulla Stammel
Umschlagentwurf: red.sign, Anette Vogt, Stuttgart
Titelfoto: Sabine Stuewer
Satz: Verlagsbüro Högerle, Horb
Druck und Bindung: Friedrich Pustet, Regensburg
Printed in Germany

ISBN 978-3-8001-5822-5